阅读，从这里开始……

了解社会变迁
感悟人生精彩

我们有一个丰富的文学宝库，那就是多少代作家留下的杰作，它们教育我们，鼓励我们，要我们变得更好，更纯洁，更善良，对别人更有用。文学的目的就是要人变得更好。

——巴　金

书籍是人类的编年史，它将整个人类积累的无数丰富的经验，世世代代传下去。

——坎耶里

专家名师审定委员会

崔峦

著名教育专家，全国小学语文教学专业委员会理事长，教育部语文课程标准专家组核心成员，人民教育出版社编审。

苏立康

著名教育专家，原中学语文教学专业委员会理事长，北京市语文教学研究会理事长。国家教育部中小学继续教育教材评审专家，曾宪梓奖获得者。

张在军

全国著名语文特级教师，中小学生阅读教育研究专家，中国教育学会“中华人文读书活动”办公室主任，曾荣获“全国十佳教师”称号。

钱守旺

全国著名特级教师，国家级骨干教师，原中国人民大学附属小学副校长。中国教育学会“十一五”《名师教学思想与教法研究》总课题组核心专家。

国家教育部推荐读物·语文新课标必读丛书

孝经

欧　锋　编著

北京工业大学出版社

图书在版编目（CIP）数据

孝经 / 欧锋编著. — 北京：北京工业大学出版社，2014. 12

（语文新课标必读丛书）

ISBN 978-7-5639-4152-0

Ⅰ. ①孝… Ⅱ. ①欧… Ⅲ. ①家庭道德—世界—古代②《孝经》—青少年读物 Ⅳ. ①B823.1-49

中国版本图书馆CIP数据核字（2014）第258017号

孝经

主　　编：余良丽

编　　著：欧　锋

责任编辑：吕敬伟

封面设计：吴闲工作室

出版发行：北京工业大学出版社

（北京市朝阳区平乐园100号　邮编：100124）

010-67391722（传真）bgdcbs@sina.com

出 版 人：郝　勇

经销单位：全国各地新华书店

承印单位：北京盛源印刷有限公司

开　　本：880 毫米 × 1230 毫米　1/32

印　　张：6

字　　数：180千字

版　　次：2014年12月第1版

印　　次：2014年12月第1次印刷

标准书号：ISBN 978-7-5639-4152-0

定　　价：15.80 元

重要的不是知识的数量，而是知识的质量，有些人知道很多很多，但却不知道最有用的东西。

——托尔斯泰

读名著 赢未来

学生必读 信心之选

读彩图珍藏版名著
有效解决学习7大障碍 提高学习力

名师导读 *解决导入障碍*：引出本章节的内容，提出一些疑问，点明学生阅读的重心，引导学生进行有效的阅读。

注音释义 *解决字词障碍*：在每一章的文字中，都将超出课标要求的疑难字词进行了规范的汉语拼音标注，解决了学生阅读过程中的字词障碍。

批注点评 *解决理解障碍*：对重要情节和关键之处进行评析，解决理解障碍，并给出生僻字词释义，扫除字词障碍。

阅读鉴赏 *解决感悟障碍*：每一章节结束，配有名家对本章节的鉴赏内容，让学生更好地感悟作品精彩的情节与内在的魅力。

知识拓展 *解决储备障碍*：对作品中涉及的一些较为生僻的知识点附以小百科式的讲解，让学生在解除阅读疑惑的同时，拓展知识面，提升知识储备。

读 后 感 *解决抒发障碍*：在全书正文结尾部分，配有学生精彩的读后感，传达学生读完作品后的感悟以及由此引发的思考。

考点直击 *解决练习障碍*：在全书末尾，精心搜集和整理了近年来与本书相关的考试真题，便于学生有针对性地熟悉相关考点，准备相关考试。

丛书栏目结构图

◎名师导读

开宗明义

引导阅读

◎彩插与感言

撷取经典画面

感悟生活

◎无障碍阅读

评析释义

无障碍阅读

◎读后感

读后写感悟

分享心得

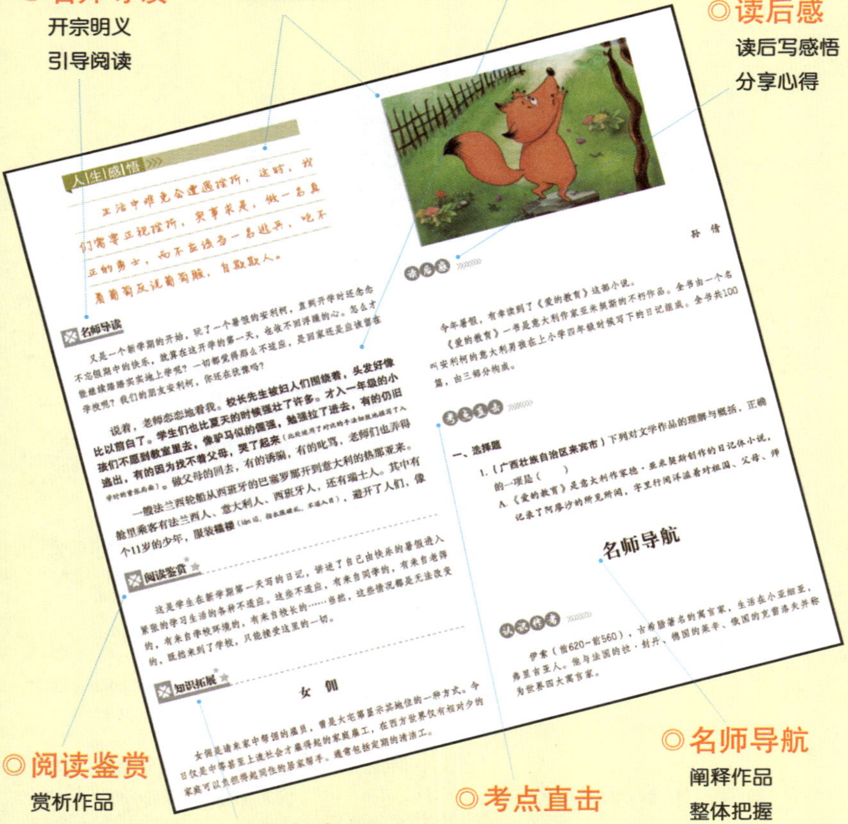

◎阅读鉴赏

赏析作品

感悟魅力

◎知识拓展

衔接相关知识

拓展阅读视野

◎考点直击

衔接真题

储备知识点

◎名师导航

阐释作品

整体把握

权威定本★名师导读★励志首选 彩图珍藏版

经典名著读什么

丛书让学生受益的四个关键词

名著，一个既古老又流行的字眼，里面既有精彩绝伦的故事和知识，又散发着一种无形的精神力量，感染、激励着一代又一代的读者。当今青少年学生更需要名著去引导和滋养。那么，如何既让这些名著启迪学生智慧、激励学生成长，又能让学生汲取知识、兼顾学习呢？

关键词一 —— 励志

一本书中散发着的精神力量足以影响人的一生。编委会精编了这套启迪学生心性、激励学生成长的经典名著，传递宝贵的生活阅历和成长智慧。每一章节后的“阅读鉴赏”即是教育专家对书中精神内涵的总结，全书末尾的读后感更是表达了学生读后的切身感悟。

关键词二 —— 内涵

每一本经典名著都散发着她特有的文化内涵。如《老人与海》传达着一种不可打败的硬汉精神，《鲁滨孙漂流记》宣扬着一种奋斗不息、永不放弃的进取精神……书中的“名师导航”，即对全书的思想内涵进行了概述，让学生更好地把握名著精髓。

关键词三 —— 知识

学生时代是大量吸取知识、提升自我的黄金年龄段，因此，本书通过“知识拓展”让学生很容易地了解各类百科知识，拓展知识面。书末的“考点直击”收集实用性更强的考点知识，让学生为考试做好充足的准备。

关键词四 —— 兴趣

兴趣是最好的老师，更能激发学生阅读的主动性。每一章节的“名师导读”巧妙提示章节精彩内容，提出一些疑问，引发学生往下阅读、一探究竟的欲望。书中的插图更是将丰富的情节转化为可感的彩图，激发学生的兴趣。

总之，对经典名著的阅读，既是对自身精神品质的滋养，又是对人文素养的提升。本套书紧密结合青少年学生的认知心理，从各个关键点引导学生，让他们快速从中汲取精神营养，提升自己，健全自我，充实自我。

年轻的同学们，打开书，去吸收这丰富的文化营养吧！

语文新课标必读丛书编委会

权威定本★名师导读★励志首选

彩图珍藏版

经典名著怎么读

——鲁迅教你读书

1 浏览 这是对专业以外的绝大多数书籍采用的一种阅读方法。鲁迅说，“书在手头，不管它是什么，总要拿来翻一下，或者看一遍序目，或者读几页内容”，“就如游公园似的，随随便便去”。

2 泛读 泛读就是博览群书，“必须如蜜蜂一样，采过许多花，这才能酿出蜜来，倘若叮在一处，所得就非常有限，枯燥了”。鲁迅渊博的学识就来自他的广泛阅读，他主张不要只看课内的书，也要看课外的书；不要只看本专业的书，还要看专业以外的书；不要只看一家之书，而要博采众长。

3 略读 略读就是遇到疑难问题时跳过去读的方法，鲁迅说：“若是碰到疑问而只看那个地方，那么无论到多久都不会懂的。所以跳过去，再向前进，于是连以前的地方都明白了。”这种读书方法很早就有人采用，《三国志》中记载诸葛亮读书是“观其大略”，陶渊明在《五柳先生传》中也说自己“好读书，不求甚解；每有会意，便欣然忘食”。

4 思考 古语“学而不思则罔”，阐明了读书不注重思考的危害。“倘只看书，便变成书橱，即使自己觉得有趣，而那趣味其实是已在逐渐硬化，逐渐死去了”。鲁迅看书学习，为了弄清一个问题，有时甚至彻夜不眠，绝不马马虎虎，以一知半解为满足，而是经常琢磨、推敲，反复对照、比较。

5 标记 读书标记就是读书时标重点，勾要害，这是我国传统的读书法。鲁迅读书“有时在书上做记号加眉批，有时加上一张纸条，有时把一些有价值的材料记录下来，以便随时应用”。做标记可以帮助自己集中注意力，促进思考，抓住重点，加深对书籍的理解，也有助于日后的查阅。常见的标记符号如：分层用“/”，重点词用“.”，重点句用“___”。当然还可以根据自己的习惯创造一些记号。

>>> 孔子在家中闲坐，曾参在一旁陪坐。孔子说："先代的圣帝贤王，有一种至为高尚的品行，至为重要的道德，用它可以使得天下人心归顺，百姓和睦融洽，上上下下没有怨恨和不满。你知道这是什么吗？"曾子连忙起身离开席位回答说："我生性愚钝，哪里能知道那究竟是什么呢？"

人生感悟

孝是一种美好的品质，是一个人最根本的道德，所以孝敬父母是一个人最基本的责任。

>>> 另外一个散骑舍人身穿一件非常华丽的新衣服，朱元璋便问他："这衣裳花了多少钱？"这个人回答道："花了五百贯。"朱元璋马上说："五百贯，这可是一个家庭一年的生活费用，可是你却用来做了一件衣裳，你简直太浪费太糟蹋东西了。"

人生感悟

世界上没有取之不尽用之不竭的资源。即使在物质生活优越的今天，勤俭节约依然是一种被人们大力提倡的社会公德。

陆绩的父亲在东汉灵帝时官居郡守。陆绩六岁时，跟随父亲去九江拜访世家大族袁术。袁术拿出橘子招待他，陆绩尝了觉得味道鲜美，想到应该让母亲也尝尝新鲜的柑橘，于是就拿了几个揣在怀里。

拜访结束，陆绩起身告辞，向袁术行礼时怀中的柑橘掉在地上了。

人生感悟

孝敬父母不宜迟，及早行孝最明智。趁我们还年轻，趁父母还健在，及早行孝吧！不要等到“子欲养而亲不待”时后悔。

>>> 开元元年（713 年），初即皇位的玄宗召见了姚崇。姚崇针对历史遗留下来的种种弊政，提出了著名的十项治国建议：反对滥施刑威，主张以仁义治理国家，安定社会；反对穷兵黩武，追求边功；不准宦官干扰朝政……

人生感悟

尽忠尽孝尽道，求真求善求美。为国忠，为亲孝，任何事都尽心尽力，人生必将灿烂如夏花！

唐玄宗召见姚崇

名师导航

历史地位和影响

《孝经》是十三经之一。十三经是经过长期传承后沉淀下来的儒学经典。除“五经”外，包括了《论语》《孟子》《孝经》《尔雅》《礼记》《左传》《公羊传》《谷梁传》。“十三经”在儒学中能够获得至高地位，源于清乾隆年间十三经被刻于石上，后阮元又刻了《十三经注疏》。《孝经》一书共十八章，是儒学伦理践履经典。儒学以主张“仁、义、礼、智、信”著称，而这五种主张的前提就是“孝”。

自汉代以后，《孝经》被历朝历代奉为治国教民的普及读本。在汉文帝时被列为儿童的启蒙教材，随后被列入官学，成为学生必学课目。随着对《孝经》的不断研究，到了南北朝时期，《孝经》有超过《论语》成为显学的趋势。所以，到了北魏时期，孝文帝出于对汉文化的认同，就把《孝经》翻译为鲜卑语，用以教化民众。到了唐代，唐玄宗亲自为《孝经》作序，为《孝经》披上了王权的外衣。这样，《孝经》便从一个普通的案头书跃升为皇家读物，其中的政治原因不言而明。自唐以后，《孝经》的地位稍逊于《论语》，这可能是与朱熹本人特别推崇“四书”有关。宋代的朱熹是中国皇权时代儒家思想集大成者，他有力地推广了《论语》《孟子》等，使“四书”获得了空前的政治地位。到了清代，清廷更是把《孝经》列为科举考试科目之一。

内容梗概

《孝经》一书以“孝”作为中心，集中阐述了儒家的伦理思想。并且认为“孝”就是上天所定下的规范，“夫孝，天之经也，地之义也，人之行也。”本书指出，孝是诸德之本，“人之行，莫大于孝”，国家的君主可以用孝治来治理国家，臣民当然也能用孝立身来辅助打理国家。

《孝经》在中国伦理思想当中，首次将孝亲和忠君相互联系，认为“忠”就是“孝”的发展和扩大，同时将“孝”的社会作用神秘化，并且认为“孝悌之至”就能够“通于神明，光于四海，无所不通”。《孝经》大多引用《诗经》和《论语》中的道理来论述。

《孝经》主张将“孝”贯穿于人的一切行为之中。孝之始是：“身体发肤，受之父母，不敢毁伤”；孝之终则是：“立身行道，扬名于后世，以显父母”。

《孝经》将维护宗法等级关系和为封建专制君主服务相互联系，并且主张“孝”要“始于事亲，中于事君，终于立身”，同时要按照父亲的生老病死等生命的过程来提出“孝”的具体要求：“居则致其敬，养则致其乐，病则致其忧，丧则致其哀，祭则致其严。”同时，孝经还根据不同人的等级要求规定了行孝的不同内容。

作品评论

《孝经》在儒家经典中是字数最少的一部。其经文部分，只有一千七百七十八个字。然而早在汉代，《孝经》便已成为经学的入门参考读物。由于孝道是家庭中主要的伦理关系，所以很容易引起人们情感上的共鸣。而从人伦亲情中引出孝治的观念，更是把孝道扩大到治国、平天下的境界。

孝道和孝治，是中华文化独特的产儿。全世界只有中华民族把孝当做重要的品德修养，并且有一本《孝经》来加以规范。《孝经》当中所说的道理并没有落伍，相信现代人所有的烦恼、痛苦、恐惧和困惑，都和孝道密切相关。

目录

◎开宗明义章第一…………001
◎天子章第二…………010
◎诸侯章第三…………020
◎卿、大夫章第四…………033
◎士章第五…………045
◎庶人章第六…………052
◎三才章第七…………056
◎孝治章第八…………066
◎圣治章第九…………075
◎纪孝行章第十…………085
◎五刑章第十一…………092
◎广要道章第十二…………104
◎广至德章第十三…………111
◎广扬名章第十四…………119
◎谏诤章第十五…………131
◎感应章第十六…………140
◎事君章第十七…………151
◎丧亲章第十八…………157
附录…………163

开宗明义章第一

仲尼居[①]，曾子侍[②]。子曰："先王有至德要道[③]，以顺天下[④]，民用[⑤]和睦，上下无怨。汝知之乎？"曾子避席[⑥]曰："参不敏，何足以知之？"子曰："夫孝，德之本也，教之所由生也[⑦]。复坐，吾语汝。身体发肤，受之父母，不敢毁伤[⑧]，孝之始也。立身行道，扬名于后世，以显父母，孝之终也。夫孝，始于事亲[⑨]，中于事君[⑩]，终于立身[⑪]。《大雅》[⑫]云：'无念尔祖，聿修厥德[⑬]。'"

【注释】

①仲尼：孔子的字。我国传统以"伯"、"仲"、"叔"、"季"表示排行，"仲"是老二。尼，指尼丘山。孔子得名于故里的尼丘山，名丘，字仲尼。孔子，春秋时鲁国陬邑（今山东曲阜东南）人，生于鲁襄公二十二年（前551），卒于鲁哀公十六年（前479），是儒家学派的鼻祖，著名的思想家和教育家。居：闲待在家里。

②曾子：曾参，字子舆，鲁国南武城（今山东费县西南）人，孔子的学生。据说曾子很孝顺父母，孔子认为他可通孝道，因此向他传授关于孝的道理。侍：陪坐。

③先王：先代的圣贤帝王，旧注指尧、舜、禹、文王、武王等。至德：至善至美的品行和道德。要道：至关重要的道理。要，又有简要、要约的意思。邢疏引殷仲文曰："以一管众为要。"

④以顺天下：使天下人心顺从。顺，顺从。

⑤用：因而。

⑥避席：古代的一种礼节。席，铺在地上的草席，这里指自己的座位。古人席地而坐，在对方（一般是师长或尊者）提问、施礼、祝酒等场合，要回答、回礼、准备饮酒时，坐在席上的人要起身离开自己的席位，表示对对方的礼貌和尊敬。

⑦教之所由生也：古有“五教”之说，即：教父以义，教母以慈，教兄以友，教弟以恭，教子以孝。儒家学者认为，孝是一切道德的根本，是一切教育的出发点。

⑧毁伤：毁坏，残伤。

⑨始于事亲：以侍奉双亲为孝行之始。一说指幼年时期以侍奉双亲为孝。郑注云：“父母生之，是事亲为始。”孔传：“自生至于三十，则以事父母，接兄弟，和亲戚，睦宗族，敬长老，信朋友为始也。”

⑩中于事君：以为君王效忠、服务为孝行的中级阶段。一说指中年时期以效忠君王为孝。郑注云：“四十强而仕，是事君为中。”孔传：“四十以往，所谓中也，仕服官政，行其典谊，奉法无贰，事君之道也。”

⑪终于立身：以建功扬名，光宗耀祖为孝行之终。一说指老年时期以扬名后世为孝。郑注云：“七十致仕（离职退休），是立身为终也。”孔传：“七十老致仕，悬其所仕之车，置诸庙，永使子孙鉴而则焉，立身之终。”

⑫《大雅》：《诗经》的一个组成部分，主要是西周官方的音乐诗歌作品。

⑬“无念”二句：语出《诗经·大雅·文王》。尔，你，你的。祖，祖先，诗中指文王。聿（yù），句首语气词。修厥德，指继承、发扬光大文王的美德。厥，其。

【译文】

孔子在家中闲坐，曾参在一旁陪坐。孔子说：“先代的圣帝贤王，有一种至为高尚的品行，至为重要的道德，用它可以使得天下人心归顺，百姓和睦融洽，上上下下没有怨恨和不满。你知道这是什么吗？”曾子连忙起身离开席位回答说：“我生性愚钝，哪里能知道那究竟是什么呢？”孔子说：“那就是孝！孝是一切道德的根本，所有的品行的教化都是由孝行派生出来的。你还是回到原位去，我讲给你听。一个人的身体、四肢、毛发、皮肤，都是从父母那里得来的，所以要特别地加以爱护，不敢损坏伤残，这是孝的开始，是基本的孝行。一个人要建功立业，遵循天道，扬名于后世，使父母荣耀显赫，这是孝的终了，是完满的、理想的孝行。孝，开始时从侍奉父母做起，中间的阶段是效忠君王，最终则要建树功绩，成名立业，这才是孝的圆满的结果。《大雅》里说：‘怎么能不想念你的先祖呢？要努力去发扬光大你的先祖的美德啊！’”

【评析】

开宗明义，即阐述本书宗旨，说明孝道的义理。

《孝经》本无章名，邢昺《正义》云，梁代皇侃给天子至庶人等五章“标其目而冠于章首”；后来唐玄宗为《孝经》作注时，才由儒官集议“题其章名”。《隋书·经籍志》说，《古文孝经》长孙氏“而有《闺门》一章”。这是用章首二字称呼该章，乃古书篇章命名惯例，不应与现有的章名混为一谈。

国学故事

俭朴的明太祖

明太祖朱元璋的出身十分贫苦，对于劳动的艰难和农民的辛劳他深有体会，所以他也非常懂得体恤民情，勤俭节约，尽量不奢侈，并且珍惜民力，以减轻百姓的负担。某日，一个内侍穿着一双新靴在大雨当中行走，朱元璋看到之后立刻将他训斥了一顿。另外一个散骑舍人身穿一件非常华丽的新衣服，朱元璋便问他："这衣裳花了多少钱？"这个人回答道："花了五百贯。"朱元璋马上说："五百贯，这可是一个家庭一年的生活费用，可是你却用来做了一件衣裳，你简直太浪费太糟蹋东西了。"

朱元璋自己先做节俭的典范，他说："要想节俭，自己要先做到，否则怎么能让天下的百姓效仿呢？"洪武八年改建大内宫殿，他对左右大臣指示道："现在我只要求将宫殿建造得安全牢固，不介意朴实，但凡是雕饰奇巧，一律都不用。只有坚固朴实，才可以永久相传，才能使我的后代子孙效仿守法。至于台榭苑囿之作，劳民又伤财，这并不是我想要的（突出了本章的中心，太祖明义便是孝道的真理）。"

朱元璋生活朴素，不喜饮酒，每日早膳，只用蔬菜就餐。他穿着俭朴，不着装饰。有个西域商人送蔷薇露给他，朱元璋说："这玩意儿只是装饰品，把人打扮得更香些，养成侈靡的习惯，没有好处。"于是拒绝不受。有个官员巴结他，说某处出产一种很好看的石头，可以铺地，被他痛切地教训了一番。司天监把元顺帝费尽心机做成的自动宫漏（计时器）进献给他。他说："不管政务，专干这个，叫做以无益害有益。"江西行省把原来陈友谅的镂金床送给皇帝。朱元璋说："这和孟昶的七宝溺器有何区别？"

在朱元璋的影响下，后妃也都注意节俭，穿的都是洗过几次的旧衣裳，从不盛装打扮，惟恐暴殄天物，劳民伤财。

朱元璋寝室的屏风上写着唐人李山甫《上元怀古》的诗：

南朝天子爱风流，尽守江山不到头。
总为战争收拾得，却因歌舞破除休。
尧将道德终无敌，秦把金汤可自由？
试问繁华何处在，雨花烟草石城秋。

这首诗是写南朝几个末代之君因骄奢淫逸而亡国的故事。朱元璋朝夕吟诵，时时引起自己的警惕（这句话表明了朱元璋为国为民，一心想要建树功绩，成名立业，这是孝的圆满的结果）。"

“三勤”保盛世

在出现了“天下大治”的昌盛局面之后，贞观十六年（642），唐太宗对当时的史官褚遂良说了这样一段话：

朕今勤行三事，亦望史官不书吾恶。一则鉴前代成败事，以为元龟；二则进用善人，共成政道；三则斥弃群小，不听谗言（这句话体现出李世民励精图治，重视朝廷政治的清明，同时也突出了李世民专心为民的精神）。吾能守之，终不转也。

这一段话，是太宗李世民对于施政基本经验的概括，同时也表明他坚持要实行的就是这三件大事。

中国历史上，唐太宗算得上是最重视以史求治的帝王了。考历代兴亡，辨前王得失，以汉文为师，思隋亡为戒，编纂史书，取鉴求治，贯穿于太宗施政致治的全过程。

在李世民即位的开始，不单单在参与朝政之时“引见群官，降以温颜，访以今古”，就是退朝之后，他仍然“披览忘倦，每达宵分（通过对唐太宗即位之初日常生活的描写，突出唐太宗的清廉为政，一心只为国为民。自古皇帝清明便是百姓以及世态之万福，因此这也是孝的一种体现）。”

太宗进入晚年后，又下诏修撰《晋书》，并且亲自撰写了4篇史论。同时也指责司马懿未能“竭诚尽节”，“见嗤后代”，很明显，就是想借助历史来告诫李唐功臣不能像司马懿那样有亏臣节。同时，太宗还评论司马炎，这样做是为了告诫太子李治，不要忘记司马炎“居治而忘危”、“委寄失才”、“封藩贻患”的教训，免得“海内版荡，宗庙播迁”。这是试图以史安排后事。

进贤共治，在古代的名君中，也是唐太宗做得最有成效。

即位之初，太宗命宰相封德彝举荐贤才。几个月过去了，不见动静。太宗掩饰不住求贤的急切心情，斥责封德彝失职。封德彝辩解说：“非不尽心，但于今未有奇才”。太宗反驳道：“古之致治者，岂借才于异代乎？正患己不能知，安可诬一世之人！”人才不会没有的，关键在于能不能发现人才。太宗深深懂得“人才有长短，不必兼通”的道理，强调“君子用人如器，各取所长”。一次，太宗与宰相房玄龄、魏征、李靖、温彦博、戴胄、王珪等人共用酒宴。席间，太宗要王珪“品藻”诸相，王珪说：“孜孜奉国，知无不为，臣不如玄龄。每以谏诤为心，耻君不及尧舜，臣不如魏征。才兼文武，出将入相，臣不如李靖。敷奏详明，出纳惟允，臣不如温彦博。处繁理剧，众务必举，臣不如戴胄。至如激浊扬清，嫉恶好善，臣于数子，亦有一日之长。”太宗很同意这一概括，诸相也以为“尽己所怀，谓之确论（这一席对话既表达了太宗用人“各取所长”的方针，又包含着对太宗用人“人尽其才”的礼赞）”。

贞观十一年（637），面对隆盛的功业，太宗非常感慨地说：“于兹十有余年，斯盖股肱罄帷幄之谋，爪牙竭熊罴之力，协德同心，以致于此。”非常简短的几句话，却说出了他“进用善人，共成政道”这样的事实。同年，太宗又先后两次颁诏求贤，依旧强调“博访邱园，搜持英俊，弼成王道，臻于大化焉”，同时也将“进贤”和“致治”之间的关系讲述地更加明白。十七年（643），为了展示君臣一体，共成政道，特诏长孙无忌、李孝恭、杜如晦、魏征、房玄龄、高士廉、尉迟敬德、侯君集、张公谨、程知节、虞世南、刘政会、唐俭、李勣、秦叔宝等24人，图画于凌烟阁。从凌烟阁24功臣可以看出，太宗“进用善人”，不论出身士庶，是否故旧，也不问为官为民，是汉是夷，均“委任责成，各尽其用”的用人之道（体现了唐太宗不为群小之辈所谗，是自己“勤行”三件大事当中的一件）。这正是太宗始终“勤行”不忘“共成政道”的结果！

保证“广任贤良”最重要的环节就是不为群小之辈所谗。贞观三年（629），魏征升任秘书监、参与朝政，为副相。于是，有人诬告魏征“谋反”。太宗立即反驳道：“魏征，昔吾之仇，只以忠于所事，吾遂拔而用之，何乃妄生谗构（通过描写唐太宗反驳小人的诬告体现出太宗“不受谗言”、“广任贤良”的品质作风）？”不仅不追究魏征，反而“遽斩”诬告之人。

在这前后，监察御史陈师合上《拔士论》“毁谤”宰相房玄龄、杜如晦“思虑有限”，想动摇房、杜相位。太宗说：“朕以至公治天下，今任玄龄、如晦，非为勋旧，以其有才行也。此人妄事毁谤，止欲离间我君臣”，便采用法律手段，“流陈师合于岭外”。对于某些大臣，太宗并不因其“功高”就听任其毁谤贤能。最具典型性的，要算是萧瑀对房、杜的谗毁了。萧瑀在高祖时，“凡诸政务，莫不关掌”。太宗即位后，重用房、杜。萧瑀“心不能平”。先是上书论二人不称职，但无证据，太宗罢萧瑀，“废于家”。过了一阵，复其官职。后来，房玄龄、魏征等执政中“有微过”，萧璃又“劾之”。太宗“竟不问”，免去萧瑀相职，降级使用，过了4年，才恢复其相位。

贞观十七年(643)，萧瑀也图画凌烟阁，又诬房玄龄以下诸相“悉皆朋党比周，无至心奉上”，并“累独奏”称“此等相与执权，有同胶漆，陛下不细谙知，但未反耳。”太宗一面劝萧瑀要“推心待士”，一面表示自己不会“顿迷臧否”。太宗“积久衔之”，越发讨厌萧瑀，最终下诏斥其“弃公就私，未明隐显之际；身俗口道，莫辨邪正之心”，罢为州刺史，除去封爵。

仁爱明德之帝——虞舜

虞舜的父亲名叫瞽叟，因他有眼而不识贤愚，因此就有了这样一个诨号。传说有一次，瞽叟的妻子望着一道美丽的彩虹发呆，于是就心动有了怀孕的冲动，后来，瞽叟的妻子在姚墟生下了舜。舜的每只眼睛都有两个瞳仁，因此起名叫做重华。之后，他被封于虞，所以叫虞舜。

在舜出生没多久，他的母亲便死了，幼小的舜从来都没有得到过父亲的疼爱。不久瞽叟又娶了一个年轻美丽的妻子，生下了一个儿子叫象。从此以后，舜的日子就更加不好过了。舜得不到一丁点家庭的温暖，性格却十分善良笃厚。

舜长大成人之后，对父母孝敬，疼爱弟妹的贤明已经传遍了华夏各个地区。只可惜，狠心的父母对他的态度依然十分恶劣，最终舜只能离家出走，去往他早就很想去的东方。

每次父亲毒打他之后，他都是默默地流泪，实在忍受不了的时候，他就会独自跑到荒郊野岭大哭一场。虽然如此，舜对于他的父亲、后母和弟妹都依然充满着仁爱之心（这句话将舜身上那种“孝义”的精神体现得淋漓尽致，实属中华民族的传统美德）。

在历山，舜先是开荒种地，没过多久，他就感化了历山的农民，历山农民都纷纷争着让出田地来。接着，舜又去雷泽打鱼，没过多久，雷泽的渔夫也都争先恐后地让出渔场。后来，舜又来到寿丘开始制造各种家具和器物，人们听说之后都纷纷迁来居住，仅仅用了一年的时间，这个地方就变成了村庄。第二年，这个地方就变成了一个非常大的集镇。第三年，这里竟然成了一个很大的城市。舜的名声也因此更加远扬。

天子尧决定让舜来继承帝位，于是，就把两个女儿娥皇、女英都嫁给了舜，让九个儿子也都伴随舜。在舜的感化之下，尧的两个女儿都不敢以帝女自骄，而是像一般人家那样，与邻里之间和睦相处，尧的九个儿子也都非常尊敬舜，性格变得日益笃厚恭谨（通过对尧后代的性格描写，表现出尧不仅孝忠并且在教育子女上也是以孝优先）。舜做了天子的贵婿，但并没有忘记他的父母，于是他带着两个妻子去见家人。瞽叟一家人看到舜带着妻子载物而归，并没有收敛想谋害舜的意思，处心积虑地要害死舜，好得到舜的妻子和他的财产。他们想尽了一切计策来陷害舜，始终都没能得逞。虽说如此，舜对待父母弟妹更加孝悌友爱，瞽叟和象这才回心转意了，一家人从此过上了和睦的日子。

在舜的身上融汇了中华民族的种种美德，儒家所提倡的中庸以及礼、义、仁、智、信在他身上发挥得淋漓尽致！

阅读鉴赏

作者用历代帝王的故事细致地描述了孝的重要意义,体现出孝是一种极为高尚的品质,也是非常重要的道德思想，它不仅能让天下人心归顺，百姓也都相处和睦融洽，更使朝中上下没有怨恨和不满。孝是中华民族的传统美德，无论是对父母还是对君主，孝行都起着至关重要的作用。

知识拓展

遁循天道

天道就是所谓的天体运动的变化规律。天道就是世界的规则。天道，也就是万物的规则、万物的道理，在这个世界上，所有的事物都有它自己的规则。所以，我们活在这个世界上，就一定要遵守人类和天道的规则。遵循天道的意思也就是遵循万物的规则和道理。古老的天道，乃是中华上下五千年的文化核心名词。古代的哲学家们都认为天道和人道一致，都以天道为本。在中国古代儒学当中，天道通常是和人道相互关联的，乃是中国哲学最重要的范畴。

天子章第二

子曰[①]：爱亲者，不敢恶于人[②]；敬亲者，不敢慢[③]于人。爱敬尽于事亲，而德教加于百姓[④]，刑于四海[⑤]。盖[⑥]天子之孝也。《甫刑》[⑦]云："一人有庆，兆民赖之[⑧]"。

【注释】

①子曰：今文本，自《天子章》至《庶人章》，只在最前面用了一个"子曰"，而古文本则每章都以一"子曰"起头。这可能是整理或传抄过程中造成的差异。

②爱亲者，不敢恶（wù）于人：全句是说天子将对自己父母的亲爱之心（孝心）扩大到天下所有人的父母。爱亲，亲爱自己的父母。恶，憎恶，厌恶。

③慢：傲慢，不敬。

④德教：道德修养的教育，即孝道的教育。加：施加。

⑤刑：通"型"，典范，榜样。四海：指全天下，旧说以为我国被四海包围，因此用"四海"代指全国。唐玄宗注以"四夷"释"四海"。"四夷"即东夷、西戎、南蛮、北狄，泛指四方少数民族。意思是天子的孝行与德教，也是四方异族的榜样。

⑥盖：句首语气词。

⑦《甫刑》：《尚书·吕刑》篇的别名。吕，指"吕侯"。周穆王任命吕侯为周司寇（职掌刑狱的最高长官），吕侯依据夏代赎刑的法律，以周王的名义颁布了新的法律，即《吕刑》。孔安国传曰：吕侯"后为甫侯，故或称《甫刑》"。这是说吕侯的子孙后来

改封为甫侯，因此《吕刑》也称为《甫刑》。

⑧一人有庆，兆民赖之：人，指天子。商、周时，商王、周王都自称“余一人”。庆，善。兆民，极言民人数目之多。古代计数，下数以十亿为“兆”，中数以万亿为兆，上数以亿亿为兆；而现代以一百万为一兆。赖，仰仗，依靠。《吕刑》原文下面还有一句“其宁惟永”。意思是：天子有善行，就能够以善事教化天下，天下民都可以信赖他，依靠他，因此便能够长治久安。

【译文】

孔子说：天子能够亲爱自己的父母，也就不会厌恶别人的父母；能够尊敬自己的父母，也就不会怠慢别人的父母。天子能以爱敬之心尽力侍奉父母，就会以至高无上的道德教化人民，成为天下人效法的典范。这就是天子的孝道啊！《甫刑》里说：“天子有善行，天下万民全都信赖他，国家便能长治久安。”

【评析】

天子，统治天下的帝王。《礼记·曲礼下》中说：“君天下曰天子。”旧说帝王受命于天，天为其父，地为其母，故称“天子”。《白虎通》：“王者父天母地，为天之子也。”此处应指周王，是周王朝的最高统治者。《孝经》从这一章起，按尊卑次序分述自天子至庶人的五种孝行，照唐玄宗的说法，叫做“百行之源不殊”，“五孝之用则别”（《御注孝经·序》）。但此处所论“天子之孝”，其实只是一种祈愿，并不是道德的规范。

国学故事

轻徭薄赋

清朝初期，因长期的战乱，社会经济受到了非常严重的破坏，农民大量逃亡，出现了大面积的耕地荒芜。

清朝统治者从明朝的灭亡中看到，苛重的剥削是造成农民起义的重要原因，因此，采取了“轻徭薄赋”的政策。这对当时的清统治者来说，是巩固政权的唯一途径。康熙皇帝曾就“轻徭薄赋”政策讲过这样一句话：“百姓足，君孰与不足？朝廷恩泽不施及于百姓，将安施乎（这句话反映出了清朝最高统治者在严峻的形势面前的清醒认识）？”

从顺治元年（1644）七月开始，清政府根据各地的不同情况，分别减免田赋，或全免，或免二分之一、三分之一；有免一年、二年或三年不等。并规定，赋税征收以万历初年《赋役全书》所载为正额，其余各项加增尽行免除。

为了确定征收赋税的依据，避免地方官任意加增，顺治三年（1646）下令重修《赋役全书》，于顺治十一年（1654）完成。从该书规定的数额看，清朝对农民的赋税征收要比明朝明显减轻。为了使农民自己知道所交钱粮的数目，以防胥吏从中舞弊，清政府于顺治六年（1649）颁刻“易知由单”。单由开列各州县应征本折款项，共计起运苦干，存留若干，每亩应征银米数目等，将单当众散给，收取本人亲笔领状。如有单外多征者，准许告发（这句话正中了那句‘天子有善行，天下万民全都信赖他，国家便能长治久安’）。此外，又将应解漕粮改为“官收官解，不得仍派小民”，从而免除了部分解户的赔偿之苦。

清初，特别是康熙年间推行的“轻徭薄赋”政策，减轻了农民的负担，对安定人民生活，调动农民的生产积极性（通过这句话可以看出这一政策的推行，给清朝前期的社会发展以及经济的繁荣打下了非常坚实的基础），促进社会生产力的发展，起了积极作用。康熙以后，全国耕地面积扩大，人口增长，均与这一政策有一定的关系。可以说，这一政策的推行，为清朝前期社会经济的繁荣发展打下了坚实的基础。

棒打出孝子，严罚出良臣

公元前370年，是我国历史上的战国时期。那一年齐国是齐威王当政，他为政清明，爱惜民生。在用人方面能不为左右所惑，赏罚严明。下面所说就是一个典型的例子。

在今天山东省即墨一带担任地方官的即墨大夫为政清廉、体察民情，鼓励农民积极生产，严惩贪官污吏。他为人忠厚老实，工作踏实，奉行“为官一任，造福一方”的工作原则。在山东阿城任职的阿大夫则每天沉湎于酒色之中，搜刮百姓。但他在上报给朝廷的工作成绩上又弄虚作假、虚报产量。他还把搜刮来的财富变卖成黄金等贵重物品送给国王的亲信大臣和当权的权贵。因而当时朝廷内外一片赞誉阿大夫的声音。即墨大夫因为上报产量时以实相报，被认为没能力。大臣们纷纷向齐威王建议提升阿大夫官职，而将即墨大夫撤职查究。

齐威王听了大臣们的议论并不轻信，而是派人悄悄到即墨和阿城两地去察看。派去的人回来后向齐威王如实汇报了情况（这句话体现出齐威王为政清明不轻信谗言）。

于是齐威王诏令即墨大夫和阿大夫到都城临淄晋见。当大臣们和即墨大夫、阿大夫到达宫殿门口时，看到门外支起一口大铁锅，里面盛满了油，下面火烧得正旺。大臣们都暗想，这下即墨大夫可完了。等人到齐以后，齐威王也来到殿上，他当着众人的面对即墨大夫说：“自从你到即墨任职以来，我每天接到诽谤你的报告。可是我派人去即墨县察看以后，发现那里开荒辟田，农作物遍野，人民生活很富庶，官吏清廉奉公。我们齐国的东部有了你这么好的官员，就可以平安无事了啊！而你之所以受人诬陷，就是因为你没有巴结我身边的那些当权派。现在我决定赏给你一万家的租税，以资鼓励（通过齐威王的一段话可以看出齐威王在用人方面不为左右所惑，赏罚严明）。”大臣们一听，都惶恐不安。阿大夫在一边早吓得浑身颤抖。齐威王转过身来对他厉声说道："阿大夫，自从我派你到阿城，我几乎每天都能听到有人说你的好话。可是我秘密派人去看了以后，发现你那里的地都荒芜了，农民饥饿难忍。前些天赵国攻击鄄城，你不率军援救；卫国占领薛陵，你假装不知道。我所听到的那些颂扬你的话，都是你拿钱买来的。"说完这话，齐威王命令左右护卫军士把阿大夫和平时赞扬他的一批官员，全部扔到门外的大锅里烹掉。全国上下大为震动，官员们从此不敢再弄玄虚，大家改变了工作态度，认真做事。齐国一天天强大起来。

康熙亲举贤

康熙是清朝很有作为的皇帝，深深懂得治国安邦必须善于举贤用人的重要意义。因此，他始终坚持在考察之中擢用人才。

康熙在位期间，噶尔丹叛乱，他三次率军亲征。在三次亲征噶尔丹的战争中，他对随军将领和官吏的实际能力亲自进行了比较详尽的考察（这句话表明了康熙是一位非常有作为的皇帝）。他从西路军主将费扬古巧设伏军大败噶尔丹，取得重大胜利的过程中，发现费扬古有勇有谋，具有统帅三军、领兵作战的指挥才能（这句话体现出康熙善于举贤用人，并且善于在考察之中擢用人才）。回来后，便给费扬古晋升一等公。在康熙第二次亲征噶尔丹时，发现绿旗总兵官王化行，队伍整齐，战功卓著。因此，在第三次亲征噶尔丹时，便破格提拔王化行为军中总参。同时，对于那些无能的官吏如户部侍郎思格色等实施罢免。有一次，康熙命思格色去塞外负责挖井供水。康熙问思格色一口水井大约能够供多少人马饮用，思格色迟迟回答不出来。于是康熙立即革去他的官职，并当众指出："思格色为官昏聩无能，心中无数，令其居官何用？"

康熙在位期间。曾多次巡行外地，查访吏治，体察民情。他在巡行江南时，路经河南某城，当地官吏为了迎接圣驾，整顿交通，做临时规定，凡是皇帝经过的道路，以画线为界，分左右三路通行。

左右两路，官商百姓可以自由往来行走，中路作为御道，只供皇帝专行，任何人不准走动，并贴出布告，命令官民皆知，家喻户晓，不得违犯，否则依法严惩，同时还派出典吏沿路巡视警戒。布告贴出的当天中午，一个官员违反规定，骑马沿中路行走。典吏对其进行劝阻，他非但不听，反而鞭打典吏，并声称他是当今皇帝的太监。这位典吏不畏权贵，执法如山，立即喝令左右将这位太监拉下马来，狠打五十大板。府台大人听说此事后，认为一定大祸临头，忙令左右给典吏带上刑具，等候皇帝处置。康熙进城得知此事后，马上召来典吏，亲自为其取下刑枷，并倍加赞扬。当即宣布，破格提拔典吏为巡抚。

康熙二十四年（1685），张伯行考中进士，经康熙面试后，授予内阁中书职务，不久又调中书科任中书。康熙四十二年（1703），被任命为山东济宁道行政长官，张伯行上任时，正值当年闹饥荒，百姓穷困潦倒，无法生计。张伯行立即把自己家里的钱粮运到灾区，并赶制许多棉衣救济灾民。康熙皇帝下了分道救灾的命令，张伯行分管汶上、阳谷两县。他给灾民发放了22600多石救济粮。为此，布政使责备张伯行擅自做主，并提出罢免张伯行职务的弹劾奏章。张伯行对布政使的错误行径进行了严厉驳斥，使弹劾风波得以平息。康熙四十六年（1707），康熙皇帝南下巡视，赐给张伯行“布泽安流”的金榜，不久，提升张伯行为察使。1708年，康熙皇帝再次南下到苏州巡视，他对随从大臣们说：“我听说张伯行为官十分清正廉洁，这样的人才十分难得啊！”当时就命令苏州所在地的督抚举荐贤能的官员，但是这位督抚却没有推荐张伯行。康熙皇帝于是召张伯行说：“我早就了解你了，他们不举荐，我自己来举荐。以后，你居官而善。天下的人就会明白我是知人善任的（从这句话当中可以看出康熙的爱才之心以及识才的慧眼）。”于是，提拔张伯行为福建巡抚，赐给他“廉惠宣猷”的金榜。

张伯行德才兼备，为官清正廉明。他在救灾中，能够为灾民着想，独自做主发放了大量救济粮，这本是件大好事，却遭到布政使的弹劾。他刚正不阿，毫不畏惧，可谓有胆有识。但是，就是这样一位贤能之才，却得不到他的上司苏州督抚的举荐。如果不是康熙具有爱才之心、识才之慧眼，那么，张伯行这个人才也就只好被埋没。

一张龙书案，操劳六十年

清朝康熙帝对帝王的使命责任有充分的认识，认为帝王和臣下不同："臣下可仕则仕，可止则止，年老退休回家，抱子弄孙，仍可以优游自适。做帝王的却要勤劳一生，根本就没有休息可言"，"没有安然享乐的余地"，只能"鞠躬尽瘁"，"肩上的责任十分重大，无法推卸给他人（通过这句话可以看出康熙皇帝有着非常强烈的责任心，对政务毫不推卸）"。因此，他在61年的皇帝生涯中，勤于政务，事无巨细，都亲自处理。

康熙帝不饮酒，尤其厌恶吸烟。一位学士为此曾写有一首诗："碧碗琼浆潋滟开，肆筵先已戒深杯。瑶池宴罢云屏蔽，不许人间烟火来。"烟草自明代传入中国后，吸烟的人数日渐增多。学士陈元龙、翰林院庶吉士史贻直都是当时有名的"烟客"，酷嗜吸烟，不能释手。康熙帝为了惩戒他们，便赐给他们特制的水晶烟管（通过对康熙皇帝细节行为的描写，充分体现出他治国有方，对于身边的大臣也是如此）。这种烟管很奇特。据说两人吸烟，只要一口吸深了，烟草就会燃烧，火焰顺烟管倒入，燎烧嘴唇。两人十分害怕，不敢再用。于是，康熙帝借机传旨，禁天下吸烟。

宋神宗善治

治平四年（1067）正月，宋英宗逝世，其不满十九岁的长子赵顼即位，即宋神宗。当时，北宋建国已有百余年，整个国家内外交困。所以，神宗即位以后也十分急切地希望扭转过去的局面，实现国强民富的盛世。

赵顼即位所做的第一件大事，就是提倡节俭之风，并且从皇家开始，率先实行，以表率天下（体现出赵顼迫切想要实现国富民强的心情）。在营修英宗陵墓问题上，赵顼所下的诏书说，“国家多难，四年之中，连遭大丧，公私困竭”，“朕惟山陵所费浩大，方今府库空竭，民力凋敝，正当扶危拯溺之际……凡事须节省。”希望臣下与他努力同心，共行节俭。

紧接着，于治平四年四月，赵顼又下令天下诸州，自今不得再向皇帝贡献土特产品。同时释出宫女数十人，减少后苑工匠，乘舆章服也多有减损。时有谏官建议将这些事迹付史馆，以颂皇帝美德，赵顼却没有批准（表明了赵顼厌恶虚假，求真务实的精神）。

九月，又命“深于史家之学、知治乱兴坏之迹”的司马光为翰林学士兼侍读学士，让其专修《资治通鉴》，然后进读。十月，司马光刚编定一两卷，赵顼即令进读。并把御制序文当面赐给司马光。又将其旧日个人藏书两千多卷赐给司马光，以资其撰述。希望于前代历史所载“明君、良臣，切摩治道，议论之精语，德刑之善制”中，探究“威福盛衰之本，规模利害之效”。以“前车之失”、“履霜之渐”资其当世求治之道（表现出赵顼的深明大义）。

经过了这一年，从理论到实践、从历史到现实的准备之后，赵顼在即位的第二年，即熙宁元年（1068），开始筹谋旨在富国强兵上的一系列改革。

首先，于熙宁元年六月，针对“用度太奢，赏赐不节，宗室繁多，官职冗滥，军旅不精”这五个弊端，设立裁减国用局，讨论如何裁减浮费。

第二年春天，赵顼又力排众议，起用主张改革的王安石为参知政事（副宰相）。设置三司条例司为议行新法的专门机构，委王安石主持其事。时过四个月就颁布了“均输法”，以求实现从富贾手里“稍收轻重敛散之权归于公上，而制其有无”，“便转输，省劳费”，

"去重敛，宽农民"，"国用可足，民财不匮"的目的。

同年秋季，制定了"青苗法"。在灾荒期或青黄不接时，由各级政府出钱贷给农民，只有二、三分的低息，以使农民免遭高利贷的盘剥。

十一月，又颁降了"农田水利约束"，在全国范围内，大搞水利建设，以振兴农业。

十二月，又制定了"免役法"草案。于第二年冬季，先在开封地区试行。经过完善、充实后，于熙宁四年（1071）十月颁行全国。民户按田产数量多寡交纳免役钱，政府用这些钱雇人充役，以使百姓免遭破家之害（推出的新草案充分体现出赵顼以民为主的作风）。

熙宁三年（1070）冬，公布了"畿县保甲条制"，后渐次推向全国。以加强基层政权，同时实现了"寓兵于民"。

熙宁五年（1072）三月，公布了"市易法"。凡商旅、民间货物滞销而不售者，官府出钱以平价收购，以促进流通，抑制富商大贾对市场的操纵。

同年八月，又公布"方田均税法"，查田亩数量，辨土质肥瘠，明产权归属，定税赋多寡，清除"诡名挟佃"、"隐产漏税"和"产去税存"等弊端，以保证国家的赋税征敛。

熙宁六年（1073）夏，又推行"将兵法"，加强禁兵的军事训练。元丰三年（1080）至五年。赵顼又亲自主持了官制改革。对唐末、五代以来形成的一套政治体制进行了全面调整。政府体制恢复了三省、六部制。在任官制度上，建立了一套较为完备的官、职、差遣体制。

赵顼在紧张地主持变法的过程中，始终重视勤廉执政。治平四年（1067）七月，下令清查富民与妃嫔家结亲而夤缘的官职者。熙宁三年（1070）十二月，赵顼下令详定命官、使臣过犯。四年（1071）十一月，赵顼降诏："凡赏功罚罪，事可惩劝者，月颁之天下。"同时，一再裁抑对宗室、大臣的赏赐、恩荫等恩泽。他自己则一贯讲究务实，不尚虚名。其在位期间，群臣屡次奉上尊号，全被赵顼驳回，认为那尊号是虚文繁礼，决意终身不受尊号（再一次体现出宋神宗讲究务实和不受虚名的精神）。

元丰八年（1085）三月，宋神宗赵顼在即将三十七岁的时候，过早地结束了他那忙碌的一生。他在位近二十年间的举措，对于拯救宋王朝的统治起了极为重要的作用。但是，由于他用人不专，两次罢免主张改革的王安石，使得他的政绩未能达到应有的光彩。更因为后来保守派对改革的否定，宋神宗竟然背上了“致祖宗之良法美意，变坏几尽”的恶名。

阅读鉴赏

孝道和孝治是中华文化独特的产物，本章作者引出孝治的观念，将孝道扩大到治国和平天下的境界。全世界也只有中华民族将孝当作最重要的品德修养，通过故事来让我们自己加以规范，长久以来，“万恶淫为首，百善孝为先”这样的理念在炎黄子孙的心中都占有着非常强大的支配力量，也起到了很大的作用。

知识拓展

傲　慢

“傲慢”是人的一种精神状态，形容一个人的态度、表情以及言行举止高傲自大、目中无人，还比喻对别人不尊重、看不起别人。傲慢，主要是用来描述一个人的态度。傲慢在七宗罪当中占其一。

诸侯章第三

在上不骄，高而不危；制节谨度[①]，满而不溢[②]。高而不危，所以长守贵也。满而不溢，所以长守富也。富贵不离其身，然后能保其社稷[③]，而和其民人。盖诸侯之孝也。《诗》[④]云：“战战兢兢，如临深渊，如履薄冰[⑤]。”

【注释】

①制节：指费用开支节约俭省。谨度：指行为举止谨慎而合乎法度。

②满：指财富充足。溢：指超越标准的奢侈、浪费。邢昺疏引皇侃说：“不溢，谓宫室车旗之类，皆不奢僭也。”僭越礼制，追求超过合乎身份、地位的享受，在古代是严重的犯罪行为。

③社稷：国家的代称。

④《诗》：即《诗经》。汉代以前《诗经》只称为《诗》，汉武帝尊崇儒术，重视儒家著作，才加上“经”字，称为《诗经》。

⑤“战战兢兢”三句：语出《诗经·小雅·小旻》。战战，恐惧的样子。兢兢，谨慎的样子。如临深渊，是说唯恐失足坠入深渊。如履薄冰，是说唯恐不慎陷入冰水中。孔传：“夫能自危者，则能安其位者也；忧其亡者，则能保其存者也；惧其乱者，则能有其治者也。故君子安而不忘危，存而不忘亡，治而不忘乱。”

【译文】

身居高位而不骄傲，那么尽管高高在上也不会有倾覆的危险；俭省节约，慎守法度，那么尽管财富充裕也不会僭礼奢侈。高高在上而没有倾覆的危险，这样就能长久地保守尊贵的地位。资财充裕而不僭礼奢侈，这样就能长久地保守财富。能够紧紧地把握住富与贵，然后才能保住自己的国家，使自己的人民和睦相处。这就是诸侯的孝道啊！《诗经》里说："战战兢兢，谨慎小心；就像身临深渊唯恐坠陨；就像脚踏薄冰唯恐沉沦。"

【评析】

诸侯，天子所分封的各国的国君。西周开国时，周天子曾依亲疏与功勋分封诸侯，有公、侯、伯、子、男五等爵位，可以世袭。《礼记·王制》孔颖达疏："此公、侯、伯、子、男，独以侯为名而称诸侯者，举中而言。"一说称"诸侯"而不称"诸公"，是为了避免与辅佐天子的"三公"（太师、太傅、太保）相混淆。此处对诸侯劝孝，要求诸侯"在上不骄"，"制节谨度"，"长守富"，"长守贵"，"保社稷"，作为诸侯尽"孝"的职责。

国学故事

怀橘奉母

陆绩（187—219），字公纪，三国时吴国吴县人，自幼聪慧伶俐，人称"神童"。博学多识，以孝行著称。陆绩经鲁肃推荐，任郁林（今广西除桂林、梧州外的大部分地区）太守。在任期间，陆绩正直无私，为政清廉，深得百姓拥戴。任期届满返还家乡时，因为家资微薄，船轻不稳，难以远航，只得将岸边的一块巨石装载上船以助航行。陆绩返归故里后，就将巨石置于家门口，后来被人们称作"郁林石""廉石"。这块巨石现保存在苏州文庙内。

陆绩的父亲在东汉灵帝时官居郡守。陆绩六岁时，跟随父亲去九江拜访世家大族袁术。袁术拿出橘子招待他，陆绩尝了觉得味道甜美，想到应该让母亲也尝尝新鲜的柑橘，于是就拿了几个揣在怀里（从陆绩的这个动作可以看出他从小就有着孝顺的品质）。

拜访结束，陆绩起身告辞，向袁术行礼时怀中的柑橘掉在地上了。

袁术取笑说："陆少爷是我家贵客，为什么把橘子藏在怀中呢？"

陆绩从容回答说："世伯大人赠予我的橘子，我只吃掉一个，味道特别甜美，我想带回家请母亲品尝。"袁术和在座的人听了都很感动，也都非常惊奇，觉得陆绩小小年纪，就懂得孝敬父母，不是一般人所能及的。

袁术感叹道："陆郎有如此品德，将来必定是国家的栋梁！"

从此，"陆绩怀橘"传为美谈，后被元代郭居敬编入《二十四孝》，广为流传，影响深远。

陆绩故居乍浦刘家埭也因此被称为"怀橘里"，受到后世人们的谒拜。

身心行正道，佐政致盛世

姚崇，本名元崇，曾改名元之。唐代陕州硖石（今河南三门峡市南陕县）人。生于唐高宗永徽二年（651 年），卒于唐玄宗开元九年（721 年）。先后在武则天、睿宗、玄宗三朝任过宰相，并兼兵部尚书。姚崇吏事明敏，"以不贪为宝"，尤其是在玄宗时期，"以廉慎为师"，"耸廉勤之节，塞贪竞之门"，"应变成务"，"首佐玄宗起中兴业"，协助玄宗革除了许多弊政，为开创开元盛世的局面、促使唐代进入鼎盛时期做出了一定的贡献。

姚崇少年时期风流倜傥，重视气节。年龄渐长，益发好学。成年之后，初仕濮州（今山东鄄城北旧城）司仓。累迁夏官郎中。万岁通天元年（696 年），契丹攻陷河北数州，时军书纷集，姚崇"剖析若流，皆有条理"，被武则天看重，破格提拔为夏官侍郎，掌管全国的军政、军赋。不久，升为风阁鸾台平章事（宰相）（与姚崇年少时益发好学、重视气节形成呼应）。

武则天称制时，重用酷吏，滥施刑威。酷吏周兴、来俊臣等，凶狠残暴，告密罗织，大兴冤狱。许多朝臣和李氏宗室被无辜杀死。因此，朝臣人人自危。甚至每次上朝前，都要与家人诀别，担心人命朝不保夕。姚崇苦心劝谏，终于说服武则天改变酷治，并于长安二年（702 年）核查来俊臣等酷吏造成的冤假错案，为受害的官员“伸其枉滥”，“由是雪冤者甚众”（表现出姚崇不与世俗同流合污，路见不平伸张正义的精神）。

长安四年（704 年），姚崇为相王府长史兼春官尚书（礼部尚书），掌管国家典礼等事。时武则天的宠幸张易之在定州（今河北定州市）私立寺庙，由于没有僧师，便从京师强迁十名大德高僧到定州。寺僧们对张易之的无理之举不满，向姚崇苦诉。姚崇下令停止迁移。张易之数次向姚崇请托，姚崇毫不惧其娇宠，坚决予以拒绝。结果姚崇遭张易之谗毁，被降为司仆卿，充任灵武道（今宁夏灵武西南）大总管。后又令姚崇为灵武道安抚使。

景云元年（710 年）睿宗即位，起用姚崇。姚崇极力革除弊政。当时官僚机构臃肿，百官泛滥，铨官制度紊乱。特别是公主、后妃们，依势用事，大搞“斜封官”。所谓斜封官，就是皇帝受公主、后妃等的请谒，任意颁下敕书任命官员，用斜封交付中书省。她们的“无涯之请”、“以公器为私用”，目的是卖官利己，鬻法徇私，进而搞裙带关系，各树朋党，扰乱吏治，致使“政出多门”。这样一来，任命官吏的政府机构形同虚设，庸碌之徒花钱就可以买到官。更具有讽刺意义的是，由于官职设得太多，滥官充溢。当时，宰相、御史及员外官办公时连座位都没有，故时戏称为“三无坐处”。政府机构的工作难以正常开展，混乱状况亟待整治。姚崇联合宋璟等上言：“先朝斜封官悉宜停废”。睿宗采纳了他们的建议，“罢斜封官凡数千人”。同年，睿宗又以姚崇为兵部尚书，与宋璟两人负责铨选文武官吏。他们不畏强御，对“嬖倖用事，选举混淆，无复纲纪”的混乱状况大力整治，杜绝向皇帝请谒讨官的各种途径，使吏治有所改善（表现出姚崇等人的清廉品质和不党同伐异、同流合污的态度），出现了“赏罚尽公，请托不行，纲纪修举”的清新局面。可惜好景不长，形势很快发生了变化。太平公主挟持睿宗干预朝政，其时“宰相七人，五出其门”。她与诸王结为朋党，交构其间，危害政局。

开元元年（713 年），初即皇位的玄宗召见了姚崇。姚崇针对历史遗留下来的种种弊政，提出了著名的十项治国建议：反对滥施刑威，主张以仁义治理国家，安定社会；反对穷兵黩武，追求边功；不准宦官干扰朝政；不准皇亲国戚任台省官，废止那些靠后门上来的斜封、待阙、员外等官；执法应首先从皇亲、国戚、近臣开始，以示公平；废租庸调以外一切苛捐杂税；针对武则天造福先寺，唐中宗造圣善寺，玄宗之父睿宗造金仙观、玉真观，耗费百万巨资，涂炭百姓的惨重教训，提出禁止建筑道观佛寺；皇帝对臣下要以礼相待；皇上应经受得住臣下的批评、指责，要虚心纳谏，不要怕触犯自己的尊严；针对从汉代以来外戚干预朝政，危害国家政权的历史事实，提出要皇帝“永为殷鉴”，不要重蹈历史覆辙（姚崇所提出的这些建议充分体现出他的明义和正直）。

十项建议成了玄宗开元时期的重要施政纲领。

姚崇一生为政，言行一致，以身作则，为人师表，深得玄宗和大臣们的推许，也影响到了后代。元和十四年（819 年），唐宪宗问宰相：“玄宗之政，先理而后乱，何也？”崔群回答说：“玄宗用姚崇、宋璟则理，用李林甫、杨国忠则乱，故用人得失，所系非轻。”对姚崇和宋璟的为政还念念不忘（恰好体现出姚崇这一生清廉为政、以身作则的精神，并且影响到了后代，深受大臣和玄宗的厚爱，这正是孝义的道理）。

完璧归赵，负荆请罪

战国时期。赵国的青年人蔺相如有勇有谋，机智过人。赵惠文王得到楚国的和氏璧（楚人卞和所得到的宝玉）之后，秦昭王请求用十五座城邑与赵国换。赵惠文王怕受欺骗，又怕得罪强大的秦国，他拿不定主意。他就问太监头领缪贤的门客蔺相如。蔺相如回答说：“秦国用城邑请求换玉而您不答应，我们就理亏了。我们给他玉璧而秦国不给我们城邑，秦国就理亏了。权衡利害，宁可答应秦国，让他担负责任。我愿意捧玉璧前往秦国。假使秦国十五座城邑不交给我国，我会把玉璧完整地带回来。”赵惠文王就派蔺相如持璧前往秦国。蔺相如到秦国献上了玉璧，但是秦昭王得了和氏璧之后，没有交付城邑的意思。于是蔺相如用计骗秦昭王取回玉璧。暗派随从把玉璧藏在身上，走小道回到了赵国，他自己留在秦国等待发落（充分体现出蔺相如的英勇机智）。秦昭王自知理亏。不但没有杀蔺相如，反而以礼相待，让他回国。蔺相如完璧归赵后，赵惠文王觉得他有才干，就拜他为上大夫。

秦昭王没有得到和氏璧，但是不甘心，就派使者通知赵惠文王要在黄河南边的渑池相会，借此侮辱赵惠文王，赵惠文王慑于秦国的强大，便带领蔺相如去渑池会秦昭王。秦昭王设宴请赵惠文王一起喝酒，喝到高兴处，秦昭王逼赵惠文王弹琴，赵惠文王无奈，只好弹了。蔺相如见秦昭王如此侮辱自己的国君，他就闯到秦昭王面前请求秦王敲瓦盆子，但秦昭王不肯敲。蔺相如激愤地说：“我们近在五步之内，小臣我能用脖子的血溅大王啦！”秦昭王怕蔺相如杀了他，秦昭王只好敲了一下瓦盆子。蔺相如为赵惠文王挽回了面子（一方面表现出蔺相如聪明机智，另一方面也体现出他的忠心不二，正是以下为上的孝义精神）。赵惠文王回国后，欣赏蔺相如的才干，封他为上卿，爵位在老将军廉颇之上。

廉颇不服，说：“我当赵国将军，有攻城野战的功劳，蔺相如本是个出身卑贱的人，只凭口舌而爵位在我之上，我感到羞耻，我不能容忍排在他的下面。”并扬言：“我见到了蔺相如，一定要侮辱他！”蔺相如听说后，设法不和廉颇会面。每临上朝见君，常自称病，不想和廉颇争朝列位次的上下。每次出门，廉颇都派人阻拦侮辱他。而蔺相如却每次出门，路上老远见到廉颇来了就退车藏避，乐得廉颇哈哈大笑。说：“上卿蔺相如还是怕我。”蔺相如的门客侍从都气愤不过，感到羞辱，而蔺相如却说：“你们看廉将军比秦昭王怎样？”侍从们说：“当然他不如秦昭王。”蔺相如又开导说：“凭秦昭王那样的威严，而我却敢在他的朝廷上斥责他、羞辱他。我即使不才，难道就单怕廉将军吗？不过我想强大的秦国之所以不敢对赵国用兵的缘故，就是因为有我们两人在呀！现在两虎相斗，势不能共存。我这样做的目的，就是把国家的利益放在前头，把私人间的怨恨放在后头啊（这句话充分地体现出了廉颇一心为国着想，以大局为重的精神）！”廉颇听说后，非常惭愧，立即光着上身，背着荆条，亲自到蔺相如门上谢罪，请求治罪。从此，两人结成了生死之交，共辅国政。

装病不理朝

司马懿（179—251）是三国时期著名的军事家、谋略家。字仲达，河内温县（今河南省温县西）人，为当地世家大族。少年时代的司马懿博学多闻，“聪亮明允，刚断英特”。建安六年（201年），曹操征辟他为司空椽。在当时十分重视族姓门阀的情况下，他不愿屈节于被骂为“赘阉遗丑”的曹操，于是以患风痹不能起居为辞，拒不应征（表现出了司马懿的机智）。建安十三年（208年），曹操为丞相。又一次征辟他，下令再有迟疑，即加拘捕，他才惧而就职。初为文学掾，与太子交游，为曹丕所信重，和陈群、吴质、朱烁号为“四友”。建安二十四年（219年）。孙权对曹操上表称臣，陈说天命，曹操说：“这个家伙要把我放在炉火上吗？”司马懿却认为十分天下已有其九，劝曹操顺天应人，不再谦让。

司马懿富有雄略，“每与大谋，辄有奇策。”文帝时，升至托军、假节、录尚书事，参与了曹魏统治集团大政方针的谋划（表现出他拥有杰出的军事指挥才能)。明帝时，他手握重兵，在抵御诸葛亮北伐和伐吴战争中独当一面，表现了杰出的军事指挥艺术。

景初二年(238年)，当司马懿平定公孙渊割据势力，自辽东班师，回到汲县(今河南汲县西)时，魏明帝病重，诏令司马懿急速入朝。次年正月，懿至京师，入见明帝，明帝执其手，令与曹爽共辅幼主。明帝死，年方八岁的曹芳即位。曹爽与司马懿俱为侍中、假节钺、都督中外诸军、录尚书事。一场持续十年的权力之争从此开始了。

曹爽是魏大将军曹真之子，年位功望远逊于司马懿。为独擅朝政，他依照丁谧的策划，使曹芳发诏，转懿为太傅，尊以名号而实削其权。司马懿欲擒故纵，称病不朝，外作韬晦，内察形变，以便待时而发。河南尹李胜出为荆州刺史，曹爽使他以辞行为名，窥测动静。司马懿将计就计，装作旧风复发，让两个婢女在身旁服侍。他伸手去拿衣服，衣服掉在地上；又以手指口，表示口渴。婢女送来粥，他手不能持杯，以口就杯而饮，粥流满胸。他表现得十分羸弱，并有气无力地说："君屈居并州，并州靠近胡人，要做好防胡的准备。我恐怕不能和你相见了，就把两个儿子托付给你吧！"李胜说："我去的是家乡荆州，不是并州。"懿又故意错乱其辞，说："你正要去并州？"李胜说："我去的是荆州。"司马懿说："我年老意乱，没听明白。你回去做荆州刺史，适当壮年，正好建立功业。"他设宴与李胜饯别，作生死之诀，流涕哽咽，情辞恳恻。李胜回去告诉曹爽："司马公如同死人剩口气，形神已经分离，不足忧虑了。"从此曹爽对司马懿就放松了戒备(司马懿用计迷惑对手，充分表现出了他的狡猾)。

嘉平元年(249年)，曹爽随曹芳谒高平陵(明帝陵，在洛阳南)，司马懿乘机发动政变(表现出司马懿的阴险)。他假借皇太后令，关闭各个城门，勒兵占据武库，与太尉蒋济发兵屯洛阳宣武门外之洛水浮桥，阻断曹爽归路。他上疏曹芳，陈述曹爽罪状，要求罢曹爽兄弟官职。曹爽接到司马懿奏疏，窘迫不知所为。司马懿又派尚书陈泰等出城见曹爽，劝他早日归罪，并指着洛水发誓说：只是免官，别无处置。曹爽把司马懿的奏疏送给曹芳，让他下诏免除自己的官职，奉天子回洛阳。

不久，司马懿使人劾举太监张当把所选宫女私自送给曹爽，把张当交给廷尉治罪，并借张当之口给曹爽安上“大逆不道”的罪名，诛杀曹爽兄弟及其亲党何晏、丁谧、邓飏、毕轨、李胜、桓范等人，皆夷三族。

嘉平三年（251年），太尉王凌以司马懿独揽大权，心怀叵测，就与其甥兖州刺史令狐愚密谋，以讨吴为名，赴淮南发兵，迎白马王曹彪建都许昌。事泄，司马懿使曹芳下诏赦凌之罪，又作书谕凌，以安其心，然后乘其不备，率大军沿水道进至丘头（今河南沈丘县东南）。王凌自知势穷，自缚请罪迎接司马懿。司马懿派兵押送王凌回洛阳，至项（今河南襄城县东南），逼王凌饮药自杀。司马懿穷治其党，相连者皆夷三族，令狐愚已先病死，就掘其坟墓，与王凌并暴尸于市（司马懿以自己的谋略剪除异己，突出了他的阴险和残忍）。白马王曹彪也被赐死，又尽收魏之王公，送邺城监守。至此司马氏与曹氏之争，高下初见端倪。

这年八月，司马懿病死，其子司马师、司马昭继续秉政，为剪除异己，收魏室旧臣诛杀殆尽。

尽忠佐五朝

夏原吉，明朝人，祖籍江西德兴。其父任湖广湘阴（今属湖南）教谕时，举家迁居于此，遂定居。原吉幼年丧父，由寡母抚养，发奋读书，被荐入当时培养人才的最高学府——太学。一日，明太祖朱元璋视察太学，见原吉彬彬然不苟言笑，颇有为官风度，于是任为户部主事。从此，原吉开始了一生辉煌的政治生涯。

原吉处事持重，“临政善酌”，因而很得户部尚书郁新的器重。

户部诸司事务，郁新均与原吉商量谋划。有官员刘郎中妒忌原吉才能，伺机诬陷。不久，尚书郁新上奏弹劾官吏中怠事者，触怒了明太祖龙颜。刘郎中乘机诬告郁新所言所为，实是原吉指使，希图明太祖迁怒于原吉。明太祖身为一代开国之君，颇能识人。他览奏斥责刘郎中道："原吉能佐尚书理部事，汝欲陷之耶！"一语道破他的不良私念（充分表现出明太祖对原吉的赏识和信任）。

原吉反而因祸得福，才名远扬。建文元年（1399年）升任户部右侍郎。第二年充采访使，率给事中出巡福建。凡所过郡邑，考核吏治，体察民情，博得百姓称誉。

"靖难"之役后，燕王朱棣入继大统，称明成祖，即永乐大帝。原吉由户部右侍郎转为左侍郎。古来"一朝天子一朝臣"，似成惯例。有人上奏称：原吉乃建文帝的大臣，不宜重用。明成祖豁达大度地说道："原吉忠于太祖，以故忠于建文，又岂不忠朕耶？"逾月，不顾众人非议，委以户部尚书重任。

永乐元年（1403年），浙西发大水，毁堤淹田，江南一片汪洋泽国，百姓生计可虑。地方官员力薄财窘，屡治无效。明成祖以江南乃朝廷赋税主要收入地之一，不可久灾，命原吉赴吴浙治水，并赐原吉《水利集》。原吉到任后，实察浙西的地形地势，奏请循《禹贡》三江入海故迹，疏通吴淞江下游，上接太湖。且相度地势，各置石闸，根据江水不同季节流量之大小，或启或闭。每年水涸时，修筑两岸圩堤，以防雨季暴流。明成祖嘉允其奏，命原吉发十万人治水。原吉身着寻常布衣，徒步来回视察，日夜经划。盛暑烈日炎炎，挥汗如雨，令属下撤去为自己张着的遮阳盖，道："民劳，吾何忍独适。"官民同心，终于使浙西水害稍息，百姓得以耕作（体现出原吉一心为民，不怕累不怕苦的精神）。

原吉还朝，上言："苏淞之水，虽由故道入海，而支流未尽疏泄，请复往治之。"永乐二年（1404年）正月，在大理寺卿袁复、陕西参政宋性辅助下，原吉率众疏浚江南白茆塘、刘家河、大黄浦等处，苏淞农田仰此而获大利。明人何良俊说:“我朝唯夏忠靖（原吉）、周文襄（忱）有大功劳于江南。”

永乐三年（1405年）夏天，浙西大饥。明成祖命原吉率袁复、佥都御史俞士吉及左通政赵居任赴灾区赈济百姓。原吉奏请发粟三十万石，维持了百姓生计，保证农户得以正常生产。有人提出，增加江南百姓佃种水退淤田之田赋数额。原吉在江南闻听此说，连忙上疏朝廷，痛陈其弊，请求放弃此议。明成祖权衡利弊，最后采纳了原吉的意见。大臣姚广孝自浙西返回京城，称赞原吉有“古之遗爱”（原吉一心尽忠明太祖，而明太祖也非常信任原吉）。

明成祖连年亲征，积劳成疾。永乐二十二年（1424年）在北征回兵途中，行至榆木川（今内蒙古多伦县西北），终于一病不起。临终前，成祖回想北国的凄风冷月、漠漠黄尘，想起原吉的劝言，不禁潸然泪下，对左右随行人员说:“原吉爱我!”言语之中，充满了感激、内疚和惆怅（原吉的行为将“孝义”体现得淋漓尽致）。

明成祖病逝的消息三日后传到北京，太子奔到原吉囚所，哭告噩耗，且令原吉出狱，共议丧礼。原吉以国家社稷为重，抛弃被囚之怨，辅佐太子稳定局势，并奏请太子赈饥荒、省赋役、罢西洋取宝船及云南、交趾采办银等，太子一一从之（充分体现出原吉不计前嫌，一心为国为民的精神）。

仁宗即位后，恢复原吉户部尚书旧职。原吉母亲操劳一生，在儿子困顿之际，不幸撒手人寰。此时原吉上奏，以替母亲守孝为由，请求退休。仁宗道:“卿老臣，当与朕共济艰难。卿有丧，朕独无丧乎?”令地方官员代办原吉母亲丧事。不久，进原吉少保，兼太子少傅，尚书如故，领取三职俸禄，原吉坚辞三职俸禄不受。

《明史》编纂者赞评原吉:“有雅量，人莫能测其际。同列有善，即采纳之。”礼部尚书吕震曾攻击原吉:“柔奸”。后吕震为儿子求官，皇帝征求原吉意见，原吉以吕震在“靖难”时有守城功，亦为其子请官。平江伯陈瑄与原吉有隙，永乐初年，陈瑄曾想杀原吉。原吉却时时称赞陈瑄才能，后又力荐他督理漕运。此正如传维麟所叹的“靡德不报，靡怨不释”。

原吉身居要职，颇能识人，周忱为长史时，有人荐周忱为郡守。原吉称郡守不足展其才，周忱因而得升侍郎巡抚（身居高位也不骄傲，还重任贤人，一心只想如何使百姓安乐、国家兴旺，这正是诸侯的孝道）。

永乐中原吉受命第三次监修《太祖实录》，由学士解缙上表。永乐十六年（1418 年）五月修毕呈上，凡 357 卷。重修的《太祖实录》为明成祖讳，于建文时事多曲护失实，难以目为信史。原吉曾说“君子不以冥冥堕行”，做人要诚实笃信，而此事却未免令后人遗憾。凡人均有过，原吉亦不能例外。同年，原吉又受诏纂修《天下郡县志》。

原吉所生之世，正是明朝国运上升之际。永乐至正德间，诸大臣在政时长，人事变动甚少，政局平稳。后人评说这一时期道：“用人、理财、礼乐、征伐诸大政，文武经纬，各尽其长，章程故在，后鲜能及（这段评价正好说明原吉的个人生活清廉寡欲，他虽然身居高位但不骄不奢，是为孝道所赞）。”原吉在此期历事洪武、建文、永乐、洪熙、宣德五朝，掌户部利权二十七年不衰，个人生活清廉寡欲，身居高位而不骄不奢。明人叶盛因此感叹：“困极而节不移，宠极而色不矜”，乃是原吉一生真实的写照。

阅读鉴赏

孝道在家庭伦理关系当中占据着最主要的地位，极易引起人们情感上的共鸣。在一切的伦理关系当中，除去孝道之外，一切的关系都是相互的。在本章的故事中体现出明王都以孝道来治理天下，自然诸侯也都以孝道来忠诚于君主。古代的贤人也的确是有着很高的品行，虽然没有用德政来教化百姓，但是那种广敬博爱的风气也已传遍四海。

知识拓展

如履薄冰

如履薄冰的意思就是像在薄冰上行走，比喻一个人行事非常谨慎，并且心存戒备。这个成语在东汉时期就已经出现，是说东汉明帝的皇后马氏，她是个非常善良和深明大义的人，非常喜欢贾妃的儿子刘炟。刘炟成为汉章帝之后，马氏就成了皇太后。刘炟多次提出要加封马氏的兄弟，但是都被马氏拒绝了。但是马氏的侄子马豫却心存抱怨，觉得自己并没有得到什么恩惠，马豫的母亲劝马豫的父亲说面临着皇权这样的深渊，脚踏薄冰，一定不能放纵自己的儿子。

卿、大夫章第四

非先王之法服[①]不敢服，非先王之法言[②]不敢道，非先王之德行[③]不敢行。是故非法不言[④]，非道不行[⑤]；口无择言，身无择行[⑥]。言满天下无口过[⑦]，行满天下无怨恶。三者备矣[⑧]，然后能守其宗庙[⑨]。盖卿、大夫之孝也。《诗》云："夙夜匪懈，以事一人[⑩]。"

【注释】

①法服：按照礼法制定的服装。古代服装式样、颜色、花纹（图案）、质料等，不同的等级，不同的身份，有不同的规定。卑者穿着尊者的服装，叫"僭上"；尊者穿着卑者的服装，叫"偪（逼）下"。旧注云，天子衣裳图案有日、月、星辰、山、龙、华虫、藻、火、粉、米、黼、黻十二种纹样；诸侯有龙以下八种；卿、大夫有藻、火、粉、米四种；士有藻、火两种，服饰必须合乎礼度。

②法言：合乎礼法的言论。

③德行：合乎道德规范的行为。一说指"六德"，即仁、义、礼、智、忠、信。敦煌遗书《孝经注》云："好生恶死曰仁；临财不欲，有难相济曰义；尊卑慎序曰礼；智深识远曰智；平直不移曰忠；信义可复曰信。"

④非法不言：不符合礼法的话不说，言必守法。孔传："必合典法，然后乃言。"

⑤非道不行：不符合道德的事不做，行必遵道。孔传："必合道谊，然后乃行。"

⑥“口无”二句：张口说话无须斟酌措辞，行动举止无须考虑应当怎样去做。这是说，因为言行都自然而然地能遵循礼法道德，所以无须反复考虑，细细斟酌。

⑦言满天下无口过：全句是说，虽然言谈传遍天下，但是天下之人都不觉得有什么过错。满，充满，遍布。口过，言语的过失。

⑧三者备矣：三者，指服、言、行，即法服、法言、德行。孔传：“服应法，言有则，行合道也，立身之本，在此三者。”备，完备，齐备。

⑨宗庙：祭祀祖宗的屋舍。《释名·释宫室》：“庙，貌也，先祖形貌所在也。”古人认为，亲人亡殁后，设宗庙加以祭祀，侍奉死者如同生人，若见鬼神之容貌。

⑩“夙夜”二句：语出《诗经·大雅·烝民》。夙，早。匪，通“非”。懈，怠惰。一人，指周天子。原诗赞美周宣王的卿大夫仲山甫，从早到晚，毫无懈怠，尽心竭力地奉事宣王一人。

【译文】

不合乎先代圣王礼法所规定的服装不敢穿，不舍乎先代圣王礼法的言语不敢说，不合乎先代圣王规定的道德的行为不敢做。因此，不合礼法的话不说，不合道德的事不做。由于言行都能自然而然地遵守礼法道德，开口说话无须斟字酌句地选择言辞，行为举止无须考虑应该做什么、不该做什么。虽然言谈遍于天下，但从无什么过失；虽然做事遍于天下，但从不会招致怨恨。完全地做到了这三点，服饰、言语、行为都符合礼法道德，然后才能长久地保住自己的宗庙，奉祀祖先。这就是卿、大夫的孝道啊！《诗经》里说：“即使是在早晨和夜晚，也不能有任何的懈怠，要尽心竭力地去奉事天子！”

【评析】

卿、大夫，指辅佐天子处理国家事务的高级官员，地位次于诸侯。卿，又称“上大夫”，地位比大夫略高。周代各诸侯国中也有“卿、大夫”，地位比周天子朝中的“卿、大夫”低一等。清雍正皇帝《御纂孝经集注》认为，此“卿、大夫”兼包王国及侯国，“章中乃统论其当行之孝，不必泥引《诗》‘以事一人’之词，而谓专示王国之卿、大夫也”。此处论卿大夫之孝是一切遵循先王的礼法，“保其禄位”，“守其宗庙”，更多的是在讲忠君。

国学故事

为官五十年

自古以来，人们将勤劳视为一种美德。士大夫为官，以勤政自勉而不敢逸豫者，皆被称为名臣。北宋时期的韩琦，就是一位著名的勤于政事的历史人物。

韩琦，字稚圭，河南安阳人。少年举进士，以第二名中第。历任数职后，被擢为枢密副使，与范仲淹、富弼等人共同倡行“庆历新政”。宋仁宗嘉祐元年（1056），召为枢密使。三年升任宰相。英宗时，继续执政。宋神宗即位后，辞去相位，以节度使、司徒兼侍中判相州，后来移判大名府。当时，大名府是北宋的陪都，又称为“北京”。当地人口众多，约七、八十万人，在北宋四京当中，仅次于东京开封府而位居第二。因此，大名府的政务也就极为繁剧。尤其是有关民事纠纷、狱讼的牒诉文书，比一般府郡多出数倍。韩琦坐镇大名府时，已经年过六十。但对府中政务，无论事体大小，全都亲自审理。有时虽因患病而难以升堂视事，也要令属吏将公事送至住所，在卧室内听决（表现出韩琦勤政自勉的精神）。周围的人怕他操劳过度，有人劝他不必过于认真，可以疏略一点，将某些政务委托佐属处理，以安心养病。每当遇到这种情况，韩琦总是回答说，刑狱诉讼往往是人命关天的大事，“或生或死，或予或夺，至此一言而决，吾何敢略也？吾恐有所不尽。”坚持带病视事，不肯稍有懈怠。

韩琦这种鞠躬尽瘁的精神，多次得到朝廷的褒奖，宋神宗也几度御赐汤药，加以抚问。史书所载《抚问判大名府韩琦兼赐诏书汤药口宣》说：“顾藩事之多勤，缅念忠劳，特申蜷抚。”就是其中一例。

他镇守大名府数年，深得民心，当地百姓为他立生祠，岁时拜扫，为他祈福。后来，韩琦又移判相州，也深受当地民众爱戴（只有真正为百姓的人才能够受到百姓的爱戴，韩琦就是如此）。史书载：“人爱之如父母，有斗讼，传相劝止，曰：‘勿扰吾侍中也。’”

韩琦自弱冠入仕。一生为官近五十年。曾历三朝宰相，两为顾命大臣，处于危疑之际，而能知无不为。有人告诫他说：“公所为诚善，万一蹉跌，岂惟身不自保，恐家无处所。”韩琦回答说：“是何言也。人臣尽力事君，死生以之。至于成败，天也，岂可豫忧其不济，遂辍不为哉。”令闻者愧服。

父清子廉

胡威，又名貔，字伯武，西晋大臣，淮南寿春（今安徽寿县）人。其父胡质，年少时因才学品德闻名于江淮之间，曹魏之时，官至征东将军、荆州刺史。

有一次，胡威从魏都洛阳的家中赴荆州去探望自己的父亲，因为家贫没有车马童仆，就千里迢迢自己一个人骑驴前往。因路费很少，只得随身带着口粮，沿途之中，每到一个客店，就先出去放驴，回来之后再借客店的炉火炊具自己煮饭吃。到了荆州之后，与父亲相见。胡质虽贵为荆州刺史，但因清廉，从不贪贿，薪俸又分出一部分资助家贫之亲族，无钱为子租住客房，俯衙之内又无处安置，胡威在荆州的十余日里，晚上只能睡于马厩之中（表现出胡质清正廉洁的精神，同时也体现出他的儿子胡威富有吃苦耐劳的品质）。

胡威辞父回家之前，胡质取出一匹绢送给儿子，胡威问："我知道父亲大人为官清正，但不知道这匹绢是从哪里得来的？"胡质回答道："这是我从俸禄中节省而来的，你放心拿去，带回家中以补家用。"胡威听了父亲的这一席话，方才坦然接受。

胡质帐下有一都督，在胡威返家之前请假回到百余里之外的家中，暗地里为胡威准备了返家之资，并为胡威购置了一套衣装。之后，又返回荆州，邀约胡威同行，一路上殷勤佐助。这样走了数百里后，胡威产生了怀疑，便向都督发问。都督取出事先准备好的东西要送给胡威，为胡威所拒绝。胡威拿出父亲送给他的那匹绢送给都督，之后，又自己一个人踏上了返乡之路。回到洛阳之后，胡威因为有其他事给父亲写了封信。信中顺便提到了都督之事，胡质十分生气，给了这位都督杖一百、除吏名的处分。

后来，胡威仕晋，拜侍御史，又升任历乡侯、安丰太守，不久又升任徐州刺史。胡威在安丰、徐州上任时勤于政务，廉洁奉公，深受百姓的爱戴，政绩颇佳（只有真心付出、真的将百姓放于心上的人才会得到百姓的爱戴和相应的回报）。一次，胡威被召入朝，晋武帝与胡威谈及其父，对胡质的清廉非常感叹，又问道："你与你父均为清廉之臣，但不知道你父子二人谁更为清廉？"胡威答道："臣不如臣父。"武帝问："你的父亲在哪方面胜过你呢？"胡威说："臣父清恐人知，臣清恐人不知，因此，臣远不及臣父。"

胡质后来又被提升为右将军、豫州刺史，不久，奉召入朝，为尚书，加奉车都尉。

吕端怀大略

君主用人，需要在大节小节、大事小事之间权衡，要抓住根本。不拘小节，宋太宗对吕端的识别和任用即是如此。

吕端心有大略，赵普对他的评论是"吕公奏事，得嘉赏未尝喜，遇抑挫未尝惧。亦不形于言，真台辅之器也”。

当时吕蒙正为相，宋太宗想用吕端代替他。有人反对，说吕端为人糊涂，并略举事例。太宗坚持说“端小事糊涂，大事不糊涂”，决心擢吕端为相（充分表现出君主用人在不拘于小节和抓住事物的根本上）。太宗在皇苑大宴群臣，兴奋之中作钓鱼诗一首，其中有一句是：“欲饵金钩深未达，磻溪须问钓鱼人。”寓意明确要擢用吕端，几天以后诏令以吕端代吕蒙正为相，并命令：“自今中书事必经吕端详酌乃得闻奏。”

然而，吕端决断大事的能力究竟如何呢？

不久，西夏李继迁屡以袭扰西部边境，宋保安军俘虏了李继迁的母亲。宋太宗痛恨李继迁，准备将其母处死，独召寇准商议（因为寇是主管军机的枢密副使），议后寇准退出，路过吕端办公的地方，吕端见寇准神态便知其人内廷商讨大事，因而拉住寇准问：“上戒君勿言于端乎？”寇准说没有，吕端说，有关边界上一般事务我吕端不一定去管；如果关系军国大事，我吕端身为宰相不能不知道（表明了吕端一心报国的态度）。寇准予是向吕端讲述事情的原委，吕端问：“将如何处置此事？”寇准说：“准备在保安军北门外将李母斩首示众，以惩戒李继迁的叛逆！”

吕端说：“如果这样处置实在不是正确办法。此事请稍缓执行，容我再向皇帝禀奏。”吕端人见太宗说：“当年楚汉相争，项羽捉住刘邦的父亲太公想要挟刘邦。刘邦不以为意，说：‘我与你曾结为兄弟，我的父亲也是你的父亲，你要烹杀太公，请分一杯肉羹给我。’可见，这些人是不顾什么亲情的，何况李继迁这样的悖逆之徒。陛下今日杀掉他的母亲，明天就能够捉住李继迁吗？如果不能将他擒拿消灭，那不是进一步激起他的仇怒，让他死心塌地与太宗作对吗？”

太宗觉得有理，忙问那应该怎样做。

吕端说：“照我的想法，应该把她安置在延州，善意对待、保证供养，这样，可以牵制李继迁，虽然不一定马上引他投诚归顺，但毕竟可以牵动其心，况且他母亲的生死命运操在我们的手里，不是进退自如吗？”

宋太宗听罢，连连拍着自己的腿说：“太好了。如果不是你，差点误了大事（表明了吕端的重要）！”当即照吕端的建议决策。后来，李继迁母亲病死在延州。不久，李继迁也病死了。继迁的儿子李德明上表归顺了宋朝，从而证明了吕端主张的正确。

汉文帝敬张释之

人才是时代的产物，一个时代有一个时代用人的标准。这一标准的确定并非完全取决于君主个人的好恶，而必须服从于这一时期的主要政治任务。李广是汉武帝时期抗击匈奴的名将，但在汉匈关系以和亲为主的文帝时代却无法充分施展他的军事才能，汉文帝曾感慨系之地说：“李广如果生在汉高祖时代，封万户侯安足道哉（表明了对李广虽有才但生不逢时的感慨以及汉文帝对人才的重视）！”人才选拔和使用的这种鲜明的时代特征，从汉文帝不以口辩用人一事上也可以清楚地看出。

一次，汉文帝上林苑，随行的有谒者仆射张释之。文帝登上虎圈，询问主管上林苑的上林尉苑中畜养禽兽的种类和数量，一连问了十几个问题，上林尉都支支吾吾说不清楚，而一旁管理虎圈的啬夫却代为作了详尽的回答，文帝很是满意。文帝认为上林尉不忠于职守，担任官职就应该像虎圈啬夫那样，于是下诏让张释之拜啬夫为上林令。张释之不以为然，又不便对抗皇帝的成命，就问汉文帝：“陛下认为绛侯周勃是何等样的人？”文帝回答：“是长者。”张释之又问：“东阳侯张相如是何等样的人？”文帝也肯定他是长者。以此，张释之说：“夫绛侯、东阳侯称为长者，此两人言事曾不能出口，岂效此啬夫喋喋利口捷给哉！且秦以任刀笔之吏，急以亟疾苛察相高，其敝徒文具，亡恻隐之实，以故不阐其过，陵夷至于二世，天下土崩。今陛下以啬夫口辩而超迁之，臣恐天下随风靡，争口辩，亡其实。且下之化工，疾于景向，举措不可不察也。”

文帝觉得张释之的话很有道理，就收回成命，不再提拔啬夫（表明了汉文帝对张释之的信任）。

张释之反对超迁啬夫是否正确，这里可以不论，但张释之的确提出了一个选拔人才、使用人才的原则。即不以口辩用人，不论是选拔人才，还是使用人才，都不应该“争口辩，亡其实”，即主要不是看他说的怎样。而是看他做得怎样。否则，形成一种夸夸其谈、不注重实际的社会风气，就不仅会在选拔使用人才方面出现失误，而且会影响整个国家的安定，甚至像秦王朝任用刀笔吏一样，导致二世而亡。

这里需要指出的是，张释之反对超迁啬夫，并不能为那个在其位而不明其政、不谋其政的上林尉开脱。西汉初年，惩亡秦之戒，实行轻徭薄赋，与民休息。在政治指导思想方面，推崇黄老无为，主张“贵清静而民自定”。国家少事，加之各级官员多出自功臣，军事、文化素质偏低。这样就使上林尉这样的官员得以尸位素餐。然而，汉文帝时期正是西汉初年由无为转向有为之时，文帝本人也试图有所作为，因此对那种“在其位不谋其政”的官员十分不满。他虽然以国家安定为重，听从张释之的劝告，没有提拔虎圈啬夫，但是其后不久却免除了高踞相位却不明其政的周勃的职务。

镇乱安黎庶

郭子仪在年轻时就立志要做一个保家卫国、统兵作战的将帅。

郭子仪最初做左卫长史（皇帝禁军幕府中的幕僚长）时因屡立战功，多次被提升。天宝八年（749 年）做到天德军使（驻地在今内蒙古乌拉特前旗西），兼九原（今内蒙古乌拉特前旗北）太守。这时唐朝廷对外还没有大的战事，几十年问相对太平。在这样的环境里，由于缺乏外界压力，没有危机，久而久之，人们开始安于逸乐，贪图物质享受，整日只知吃喝玩乐，唐朝政府更是有过之而无不及。

唐玄宗李隆基与宠妃杨玉环夜夜笙歌，醉生梦死，全不见了昔日励精图治、重整山河的雄心。只有郭子仪等少数人尚能居安思危，经常想到会发生战事。他一面操练兵马，一面守卫祖国的疆土（体现出郭子仪一心要保卫国家的精神）。

755 年，安史之乱爆发。

安禄山从起兵到占领长安前后只用了几个月的时间。他进兵如此迅速，充分暴露了唐政府的腐败无能和不顾国家人民安危的面目（充分揭露了当时政府的腐败和无能）。

安禄山每到一处，烧杀抢掠，凌辱妇女，拉夫抽丁，强迫壮年男子服劳役，使得广大劳动人民家破人亡，流离失所，田园荒芜，生产破坏，很多地方都成了“人烟断绝，千里萧条”的荒原。叛军进入长安后，屠杀人民，抢夺财物，烧毁房屋，把一座古老的文化名城糟蹋得不像样子。叛军的残暴罪行，激起人民的愤恨。各地人民奋起反抗。河北一带的人民自动组织起来坚决打击叛军。有些地方的官员和人民一起抵抗，留下了可歌可泣的动人事迹。如常山（今河北正定）太守颜杲卿，最先在河北起兵，一连收复 17 个县城，牵制了叛军很多兵力。

安禄山听说颜杲卿反对他，十分恼怒，立即派部将史思明夺取常山。颜杲卿被围困六七天，终因粮饷断绝、援军未到而失败了。史思明抓住颜杲卿，把他押送到洛阳去见安禄山。颜杲卿一见安禄山，就破口大骂：“你这个叛贼，我恨不得将你碎尸万段！”残暴的安禄山喝令把他捆到柱子上，割掉他的舌头，凌迟处死。颜杲卿嘴里喷着鲜血，还是骂不绝口，就这样壮烈地牺牲了（表现了颜杲卿英勇无畏、大义凛然的精神以及安禄山的残暴行为）。

人民的反对和一些地方官吏的抵御，给唐军收复失地创造了有利条件。

玄宗逃往四川以后，肃宗（李亨）在灵武（今宁夏灵武）即位。肃宗为了收复长安，化险为夷，转危为安，决定任郭子仪为朔方节度使，并把朔方军作为反攻的基本队伍。为了加强朔方军的实力，肃宗又指定李光弼协同郭子仪作战。

郭子仪和李光弼原来都在安思顺手下做部将，两人的才能不相上下，职位也相同。当郭子仪受命代替安思顺做朔方节度使时，李光弼不服，决定马上离去。忽然接到皇帝的手谕，要他同郭子仪同心协力平定叛军，李光弼只好遵奉皇命，留了下来。郭子仪把朔方的兵马分给李光弼一半。郭、李两人共同表示：一定要同心协力，奋勇杀敌，报效国家。

史思明占领常山后，原来被颜杲卿所收复的州县，又全部陷入叛军手中，河北一带的叛军又强大起来了。为了挫伤叛军的锐气，郭子仪一面派李光弼迅速向常山进军，一面亲率大军从背后袭击叛军（充分体现出郭子仪具有统帅的才智以及为国效力的精神）。

李光弼一连收复了7个县城，又把常山城包围得水泄不通。史思明陷入重围，他带领两万精锐的轻骑，企图突围逃命。李光弼分兵四路，从四门杀进常山城去。只听战鼓雷鸣，人喊马嘶，打得叛军东逃西窜，互相践踏。史思明惊慌失措，带领败军退守恒阳（今河北灵寿）。李光弼乘胜追击，两军在恒阳相持40昼夜。后来叛军退出恒阳，李光弼的军队进入恒阳城内。叛军就回军把李光弼的兵马困在城中。李光弼被围困后，请郭子仪火速援助。郭子仪便率领轻骑一万多人，星夜赶来。郭李大军内外夹击，史思明被打得落花流水，损兵折将，元气大伤，只好收拾残兵败将逃往范阳。

安禄山听说史思明吃了败仗，恼羞成怒，扬言不消灭唐军，决不罢休。当即选拔最精锐的骑兵两万人来迎战，又命令部将牛廷玢出兵助威。叛军仗着人多势众，来势汹汹，不可一世。为了打击叛军的气焰，郭子仪召集大小将领商量对策，他指出：叛军作战专靠增加兵力；叛军跋山涉水，远道而来，疲于奔命。根据以上分析，郭子仪决定采取固守阵地的战术，等到叛军疲惫时，再以优势兵力，一举歼灭它。

两军开始接触，打了十几个回合，不分胜负。唐军杀掉一名怯阵后退的将领，士气大振，个个奋勇，人人争先，打得叛军只有招架之功，没有还手之力。叛军边战边退。郭子仪、李光弼乘胜猛追，一直追到博陵（今河北定州市）（充分体现出唐军将士奋勇无畏的精神）。博陵不但有高大的寨墙和深广的壕沟，而且地形险要，易于防守。叛军在这里扎营下寨。郭、李屡攻不下，便领兵退驻恒阳。史思明又从范阳赶来。郭子仪一面深沟高垒，据险坚守，积极做好准备，一面采取“敌来则守，敌去则追；昼则耀兵，夜袭其营”的作战方针，不给敌人喘息的机会。

几天以后，叛军果然士气沮丧，疲劳不堪。但唐军却得到了充分休息，兵强马壮，斗志高昂。郭子仪认为消灭叛军的时机到了，马上分左右两翼向叛军冲杀（体现出郭子仪的聪明才智和英勇的精神）。这两翼大军像两把锋利的尖刀，刺向敌人的两肋，叛军弃甲抛戈，四散溃逃。唐军大获全胜，计杀死叛军 4 万人，活捉 5000 人，缴获战马 5000 匹。在混战中，史思明左冲右突，仓皇逃命。突然，一只飞箭射中了他，从马上跌了下来，鲜血迸流。他散发跣足，狼狈地又逃回博陵，再也不敢出来挑战了。这时，河北几十个州县纷纷杀死叛军守将，迎接唐军。从此，郭子仪的名字也就传遍了四方。

唐朝称长安为西京，洛阳为东京，首都设在长安。长安是唐朝的政治、经济和文化的中心，是一座非常繁华的都市，工商业发达，交通便利，天宝初年，居民有 30 多万人。长安分东西两市，有很多达官贵人的住宅区，以及万商云集的商业区。洛阳是陪都，在政治和军事上也很重要。安禄山的叛军占领长安和洛阳后，使整个局势急转直下，唐王朝危在旦夕。人民受尽蹂躏和剥削，生活非常困难，洛阳附近竟发生了人吃人的惨剧，人民渴望唐军早日打回来，从当时的情况看，收复两京对挽救危局具有重大的政治意义。

在郭、李二人收复河北失地的同时，肃宗派不懂兵机的房琯去收复两京，结果惨败在叛军手下。

阅读鉴赏

本章通过叙述那些辅佐天子处理国家事务的高级官员的故事，突出了孝道的重要意义，虽然这些卿、大夫的地位次于诸侯，但是不论地位级别，只要民众可以和睦相处，不论长幼尊卑都不会产生任何的怨恨，这种正直、无私、光明的德行就是孝道的行为。孝不仅仅体现在子女对父母或者长辈之间，也会体现在君臣对于君主之间。

知识拓展

服　装

服装在人类历史初期时就已经出现了。古时候，人们将身边可以找到的各种材料都做成简陋粗糙的“衣服”用来遮盖身体。人们最早穿的衣服就是用兽皮制作而成的，最早的“织物”是用麻类的纤维和草制作而成的。对于现代社会而言，每个人都用服装来装饰和保护自己，服装早已成为自己和家人的必用品。其作用不光是为了保暖和遮体，它还能体现出着装者的生活态度和身份。

士章第五

资[①]于事父以事母，而爱同；资于事父以事君，而敬同。故母取其爱，而君取其敬，兼之者父也[②]。故以孝事君则忠，以敬事长[③]则顺。忠顺不失[④]，以事其上，然后能保其禄位，而守其祭祀[⑤]。盖士之孝也。《诗》云："夙兴夜寐，无忝尔所生[⑥]。"

【注释】

①资：取。

②兼之者父也：指侍奉父亲，则兼有爱心和敬心。兼，同时具备。

③长：上级，长官。唐玄宗注："移事兄敬以事于长，则为顺矣。"

④忠顺不失：指在忠诚与顺从两个方面都做到没有缺点、过失。

⑤而守其祭祀：刘炫认为："上云宗庙，此云祭祀者，以大夫尊，详其所祭之处；士卑，指其荐献而说，因等差而详略之耳。"

⑥"夙兴"二句：语出《诗经·小雅·小宛》。兴，起，起来。寐，睡。忝，辱。尔所生，生你的人，指父母。

【译文】

取侍奉父亲的态度去侍奉母亲，那爱心是相同的；取侍奉父亲的态度去侍奉国君，那敬心是相同的。侍奉母亲取亲爱之心，侍奉国君取崇敬之心，只有侍奉父亲是兼有爱心与敬心。所以，有孝行的人为国君服务必能忠诚，能敬重兄长的人对上级必能顺从，忠诚与顺从，都做到没有什么缺憾和过失，用这样的态度去侍奉国君和上级，就能保住自己的俸禄和职位，维持对祖先的祭祀。这就是士人的孝道啊！《诗经》里说："要早起晚睡，努力工作，不要玷辱了生育你的父母！"

【评析】

士章，敦煌遗书载"士仁章"，又作"士人章"。士，指国家的低级官员，地位在大夫之下，庶人之上。此处论士人之孝，归结到"夙兴夜寐"，强调事君尽忠的责任。

国学故事

唇亡齿寒

晋出公的重臣智伯瑶联合魏韩两大家族的军队将赵军围困在晋阳。为迫使赵军崩溃，他决晋水堤岸灌淹晋阳。城内军民困于水淹，在树上悬锅支灶，生活、作战都十分困难（体现出当时事态的紧急）。

赵襄子一筹莫展。他的家臣张孟谈讲："事态发展到燃眉的地步，非收拾不可；国家存亡，危在旦夕，不能不挽救。臣去魏、韩伺机策反，合力图晋。"

张孟谈就出城见韩、魏两个君主。他问两个诸侯说："你们听到过唇亡齿寒的道理吗？嘴唇在牙齿的外面，牙齿在嘴唇的里面，两者互相依存而发挥作用。如果嘴唇没有了，牙齿固然还在，可是得不到嘴唇保护，消亡也是迟早的事。现在晋国智伯瑶率领两位君主伐赵，如果赵国真的被智伯瑶攻取，他的领土欲望会更加膨胀，魏、韩两家也在所难免。如今天两君不图良策，大祸很快殃及魏韩。"

两个君主听了觉得颇有道理，又怕事情不好办，便说道："智伯瑶暴戾而寡情少义，万一我们的计划泄漏出去，事情反而糟糕怎么办？”

张孟谈说：“这件事同意或不同意出于两位君主之口，听到唯我一人，其他的人和智伯瑶怎么会知道？何况，这件事情关系重大，关系三家日后存亡和利害得失，生死成败捆在一起谁不愿促成和参与此事？”

至此，魏、韩君主决定倒戈反晋，并且具体商定举事日期。一个人与家庭的关系，就像唇与齿的关系一样，只要损害一方，另一方也将衰亡。

国戚如平民

曹彬（931—999），字国华，真定灵寿（今河北灵寿）人，后周太祖郭威张贵妃甥，北宋初年的名将，先仕于后周，入宋后屡立大功，官至校检太师、同平章事、枢密使。

后周时，曹彬即以清廉奉公而著称于朝野。曹彬曾出使过吴越。当时吴越割据江浙两省，国力比中原大国后周弱，因此对后周之使往往大加馈赠。曹彬出使吴越时，吴越照例又赠予曹彬大量财物，曹彬坚辞不受。回朝途中，吴越用快船满载礼物追赶他，坚持要将礼物送给他，曹彬断然拒绝。但他每走一程，礼品船即赶上一程，他于途中拒绝了四次,仍然推辞不掉（深刻地表现出吴越清廉的态度）。曹彬说：“如果我再拒绝，就有沽名钓誉之嫌了。”迫不得已接受了礼物，回朝之后将其全部上交。周世宗命令他全部收回。他不敢违王命，便将这些财物全部分送给故友亲朋，自己一点也没有留下。

曹彬曾与周世宗柴荣镇澶渊（今河南濮阳），任潼关监军。不久，又出任曹州兵马都监。一次，他与众将士杂坐于野外，邻军主将的信使持信来报与曹彬。信使不识曹彬，便向周围军士问：“哪位是曹监军？”军士指了指曹彬。信使以为军士是在欺骗自己,笑着反问道：“曹监军贵为国戚近臣，怎么能身着如此简陋呢？”

归京之后，曹彬先后参加了征蜀、伐太原的战争，并任灭南唐、灭北汉诸战役的主帅。建隆二年（961 年），宋军伐蜀，曹彬任归州行营前军都监。进军途中，他对自己的部下约束极严，有的将领想在城破之日屠城以自肥，遭到曹彬的严令禁止。蜀地平定后，王全斌等将领昼夜宴饮，其部下也四处劫掠，蜀人深受其苦，曹彬屡次劝王全斌将军队撤出四川，却遭到了王全斌等人的拒绝，最终引起蜀乱，曹彬率兵平定了叛乱，宋军才班师回朝，在征蜀的过程中，诸将大多掠夺子女玉帛，班师时满载而归，而曹彬回朝时，随身带着的仍只是入川时的图书和随身衣物而已（曹彬虽身居高位却并没有仗势掠夺，体现了他清廉的品质）。回朝后，王全斌等遭到了严厉的处分，曹彬却因其军功和清廉升任宣徽南院使、义成军节度使。

开宝七年，宋军进攻南唐，曹彬为宋军统帅。他严格约束全军，不得滥杀滥抢，违令者严惩。使征南唐的诸路宋军军纪严明，很少出现劫掠的事件，曹彬也因此受到江南百姓的拥戴。第二年，金陵被攻克，南唐国亡。曹彬仍像征蜀之时一样，从江南返朝时，随身行囊中仍不过是自己的随身图书和衣物而已。

灭南唐后，曹彬又于太平兴国三年（978 年）统兵攻灭北汉，之后又与潘美用兵于契丹，最后病卒于枢密使的职任上。

吾本非长才，办事必亲躬

“吾本非长才，不过殚精竭虑，极吾耳目所能，而出之以至诚，将之以小心，事无不治。”这是清朝乾隆年间甘肃秦安县知县牛运震对自己工作的一段总结。牛运震以勤政著称，而他突出的特点就是无论做什么事情都是亲临现场，事必躬亲，如《清史稿》所云：“运震居官，不假手幕下，事辄自治（突出了牛运震勤政的表现）。”

正因为如此，这个“本非长才”的知县却能真正了解当地的风俗人情、百姓疾苦，做了一件件实实在在、让百姓满意的事。

牛运震，字阶平，号空山，山东滋阳（今山东兖州）人。雍正十一年（1733年）进士，乾隆初任秦安县知县。

到任之初，牛运震为了掌握第一手资料，经常是“缘山步行”，“行视郊野”（表明他了解当地风俗人情，关心百姓疾苦）。当他发现本县水源紧张后，立即组织民夫开凿水渠，先后在境内开渠九条，得“溉田万亩”。当他得知县北的玉钟峡“山崩塞河，水溢坏民居”，就亲率丁夫及家属数百人前往开通，并且在工地连续奋战四昼夜，直到水退方回，终使“流民获安堵”。当他了解到某乡受灾，也要亲自将钱粮送到灾民手中。至于办书院、讲学，教民耕耨、铸农具，他都要亲临现场，亲自过问。

距县治二百余里有个叫西固的地方，以往这里的村民交纳税粮，苦于运费太多，常年逃避交纳，一直被视为“梗顽”。每逢“胥役迫之，则持杖抗拒”。为了处理这个长年未解决的问题，牛运震“单骑往谕，问所苦”，以了解实际情况。当他了解到百姓的苦衷之后，又征询他们的意见。百姓提出以银代粮。可免于运粮的费用，牛运震答应了他们的要求。这个本来非常简单而又数十年未解决的问题，终于在牛运震手中解决了。

由于牛运震“事辄自治”，他还为百姓平反了一些冤案，受到了人们的称颂。本县有马得才五兄弟被当地巡检诬为盗贼，而前任知县不做任何调查，就轻信巡检一面之词，欲治马氏五兄弟罪。马得才含冤自刎而死，其兄马都上控，知县恼羞成怒，将其毙于狱中，并将其他三兄弟押解府城。此案拖了很久。牛运震上任后，听说此案有冤，乃微服私访，多方调查，终于了解了真情，掌握了确凿的证据，使马氏五兄弟得以平反昭雪（体现出牛运震是一位真正为民办实事的好官）。一次，与秦安县临近的清水县发生了一起命案。清水县知县指控本县武生员杜其陶父子有意谋杀。案子上报后，上官令牛运震复查。牛运震接案后深入调查。又开棺验尸，发现死者乃自刎死。后又经实地勘察，得知杜其陶在发现死尸后曾经移动过尸体，但并不是凶犯，更谈不上有意谋杀。于是，以“移尸”的过失对杜其陶加以处罚，同时对其子宣布无罪释放。类似这种冤案，经牛运震之手“多所平反”。

牛运震正是以这种亲自动手、深入实践的朴实作风，做出了许多实实在在的让百姓满意的事，因而受到了人们的爱戴。当他告退归乡时，县民依依不舍为其送行，竟“有走千里送至灞桥（在今陕西西安市东灞河上）者”。甚至当他病逝的消息传到秦安，“士民设位哭诉，不期而会者千人”。牛运震的事迹再次证明了这样一个道理：为官者政绩如何，不仅仅取决于他的才能，更重要的还取决于他对工作采取什么态度。

孝顺的黄庭坚

黄庭坚（1045—1105），字鲁直，自号山谷道人，晚号涪翁，又称黄豫章，洪州分宁（今江西修水）人。北宋诗人、词人、书法家，北宋江西诗派的代表，其以非凡的文学造诣给后人留下了颇丰的文学著作。另外，黄庭坚在“孝顺父母”方面也给后人留下了宝贵的道德遗产。

黄庭坚自幼孝顺父母。对于父母之事，无论大小，他都会认真努力地做好，从来没有推辞拒绝过。

黄庭坚 23 岁时就中了进士，后来做了太史官，公务特别繁忙。虽然家里也有仆人，但他却不辞辛苦，依旧亲自照顾母亲，毫不懈怠（充分表现出黄庭坚的孝义精神）。每天忙完公事，他一定会陪在母亲身边，力求事事让母亲满意。

他的母亲特别爱干净。那时候房间里没有卫生间，人们都准备一个应急的马桶，以便夜里方便如厕。黄庭坚为了让母亲身心安稳，避免因为仆人所做的卫生不彻底而导致母亲心生烦恼，他就坚持每天亲自为母亲刷洗马桶，从不间断。

有人对他的做法颇为不解，问他："你身为高贵的朝廷命官，家里奴仆成群，何苦要做如此卑贱之事？"黄庭坚回答："孝敬父母是我的本分，同我的身份没有任何关系。何况孝敬父母是出自一个人对父母至诚感恩的天性，又如何有高贵与低贱之分呢（体现了黄庭坚孝顺的高尚品德）？"

阅读鉴赏

在理解孝的时候，通常都是以家庭和睦为主，甚至是只对我们自己的长辈而言的。但这里所说的孝的对象不单单是父母或者长辈，这里所说的孝，有着更广泛的社会意义。本章所写的是地位在于大夫之下、庶人之上的士人身上发生的故事，体现出事君所需要的尽忠的责任。其实无论官高还是官低，只要能够做到于心无愧，就已经非常不容易。

知识拓展

孝　道

"孝"字是由"老"字省去了右下角的形体，和"子"字组合而成的一个会意字。中国最早解释孝道的词义是："善事父母为孝"。我们从这里可以看出"孝"的古文字形与"善事父母"之义是相互吻合的，因而孝就是子女对父母的一种善行和美德，是家庭当中晚辈在处理和长辈的关系时应该具有的道德品质和必须要遵守的行为规范。

庶人章第六

用天之道[①]，分地之利[②]，谨身节用，以养父母。此庶人之孝也。故自天子至于庶人，孝无终始[③]，而患不及者，未之有也[④]。

【注释】

①天之道：指春温、夏热、秋凉、冬寒季节变化等自然规律。用天道按时令变化安排农事，则春生、夏长、秋收、冬藏。

②分地之利：唐玄宗注："分别五土，视其高下，各尽所宜，此分地利也。"这是说，应当分别情况，因地制宜，种植适宜当地生长的农作物，以获取地利。

③孝无终始：指孝道的义理非常广大。从天子到庶人，不分尊卑，超乎时空，无终无始，永恒存在。不管什么人，在"行孝"这一点上都是一致的。

④未之有也：没有这样的事情。意思是孝行是人人都能做得到的，不会做不到。

【译文】

利用春、夏、秋、冬节气变化的自然规律，分别土地的不同特点，使之各尽所宜；行为举止，小心谨慎；用度花费，节约俭省；以此来供养父母。这就是庶民大众的孝道啊！所以，上自天子，下至庶民，孝道是不分尊卑，超越时空，永恒存在，无终无始的。孝道又是人人都能做得到的。如果有人担心自己做不到，那是根本不会有的事。

【评析】

庶人，平民，在上古一般指具有自由身份的农业劳动者。《孝经》为不同等级的人规定不同内容的“孝”。孔颖达引《孝经·援神契》概括“五孝”说：“天子之孝曰就，诸侯曰度，大夫曰誉，士曰究，庶人曰养。”又说：“五孝不同，庶人但取畜养而已。”对庶人之孝表现出鄙薄和轻蔑。

国学故事

言而有信的张劭

东汉范式到洛阳太学求学，与太学里的张劭志同道合，结成挚友。

一年春天，两人一起告假还乡，在岔路口依依惜别。范式对张劭说：“两年后我会到汝南探望你，并拜访令堂令尊。”张劭很高兴：“请把过来的日期告诉我。”“就定在九月十五吧。”

过了两年，眼看约期将至，张劭便请母亲准备酒席为范式接风洗尘。母亲笑着说：“同学分别两年，况且两地相隔千里，谅是戏言，怎能信以为真？”张劭正色道：“范巨卿（巨卿是范式的字）为诚信君子，一定不会爽约！”母亲说：“若果然如此，我当酿酒备办鸡黍，好好款待他。”

到了约定的那一天清晨，范式果然风尘仆仆来到张家，张劭大笑：“有朋自远方来，不亦乐乎？”两人食鸡饮酒，相谈甚欢。范式盘桓了几日，方尽兴而归（君子自当是言而有信，说明了做人一定要守信用的道理）。

卧冰求鲤

相传在晋朝时有个善良谦和的孝子，姓王名祥，字休徵，琅琊临沂人。祖父叫王仁，曾在地方当过大官，父亲王融，却不愿做官。王祥在幼年的时候，生母就去世了，孤独的父亲又与一个姓朱的女子结了婚，王祥便有了一位新妈妈。王祥的后母是个心地狭隘且多嫉的妇人，她不喜欢王祥，时常为了一点小事责骂王祥。

不久，后母也生了一个儿子，叫王览。后母只疼爱自己的孩子，却把王祥视为眼中钉，更变本加厉地苛求王祥，并在父亲的面前常说王祥的坏话，连父亲也渐渐地不再疼爱他了。

王祥同父异母所生的弟弟王览对哥哥很友爱。如果看到母亲打哥哥王祥，就会上前抱着哥哥哭，一定要等母亲不打哥哥，他才放手。所以，善良的王祥所受的委屈，在兄弟友爱中得到很大的安慰。对后母仍旧很孝顺（表现出了王祥的孝顺懂事，虽然后母折磨他，但是他依然遵守着孝道）。他的后母有个嗜好，就是爱吃刚从河里捞出来的新鲜鱼。有一年的冬天，父亲有事出远门去了，后母又病了，王祥、王览兄弟俩很小心地伺候汤药给母亲吃，在严寒的天气里，后母的病仍无起色，兄弟俩都很着急。病中的后母想吃新鲜的鱼，在那严寒的天气里，外面下着雪，河里的水早已结成厚厚的冰。人们都躲在屋里，吃着储藏的食物，哪来的新鲜鱼呢？

兄弟俩无可奈何地守着母亲，王祥为了不让病中的后母失望，走到盖满冰雪的河上，河水早已结成坚硬的冰，连鱼儿的影子也没处寻。王祥灵机一动，顾不得寒冷，把上衣脱了，赤着上身卧在冰河上，想以自己的体温来融化冰块。并向上天祈祷说："老天爷，我妈妈病了，想吃新鲜的鲤鱼，你无论如何得帮我一把（这段话正好对应了前文王祥的孝顺懂事）。"说也奇怪，他身旁的冰块，忽然裂开了一道缝，有两条活生生的鲤鱼从缝儿跳了出来，在冰上直蹦，王祥高兴极了。连忙跪下来感谢老天爷，然后拿着鲤鱼跑回家去。

躺在病床的后母看见王祥光着上身，上身已冻得发紫，手上提着两条鱼，高兴地跑进屋来，呆住了。后母听了王祥的话，感动得热泪盈眶，惭愧得无地自容。王祥的后母吃了新鲜的鲤鱼后，很快病也好了。她的良心发现，从此不再虐待他了，把他也当自己的亲生孩子一样看待了。卧冰求鲤的事，就由乡里间传开了，人们都说这是他的孝心所致啊！为了颂扬这孝顺的孩子，诗人曾作诗赞颂他，诗是这样写的：“继母人间有，王祥天下无。至今河水上，留得卧冰模。”

阅读鉴赏

“孝”是中华民族的优良传统，但凡有人存在就一定要有孝义存在。中国一直都是个提倡孝道、弘扬孝文化的国家。本章的故事以孝敬父母为主，对我们起到教育和警示的作用，我们也应该遵循传统文化，将孝的精神发扬光大，对于倡导精神文明建设和维护和谐社会有着非常重要的作用。

知识拓展

庶　人

庶人泛指无官爵的平民、百姓。周代统治族居住在城内及国郊，称为国人。国人中的上层为卿、大夫、士，下层为庶人。大部分庶人居于城郊，耕种贵族分给的土地，享有贵族给予的政治军事权利，但他们也承担着沉重的义务，如服兵役，缴纳军赋等。此外，青年庶人还负担一定的劳役。庶人还包括具有自由身份的劳动者及被免除人身依附关系的奴隶。

三才章第七

曾子曰："甚哉，孝之大也！"子曰："夫孝，天之经[①]也，地之义[②]也，民之行[③]也。天地之经，而民是则[④]之。则天之明[⑤]，因地之利[⑥]，以顺天下[⑦]。是以其教不肃[⑧]而成，其政不严而治。先王见教之可以化民也[⑨]，是故先之以博爱，而民莫遗其亲；陈之以德义，而民兴行。先之以敬让，而民不争[⑩]；导之以礼乐[⑪]，而民和睦；示之以好恶[⑫]，而民知禁。《诗》云：'赫赫师尹，民具尔瞻[⑬]。'"

【注释】

①天之经：是说孝道是天之道。天空中的日月、星辰，永远有规律地照临人世。孝道也是如此，乃是永恒的道理，不可变易的规律。经，常，指永恒不变的道理和规律。

②地之义：是说孝道又如地之道。大地化育万物，生生繁衍，山川原隰为人类提供丰饶的物产，皆有合乎道理的法则。孝道也是如此，乃是必须严格遵从的义务，是有利、有益的准则。义，利物为义。古文本"义"作"谊"。孔传："谊，宜也。"指应当遵循的道理和原则。

③民之行：是说孝道是人之百行中最根本、最重要的品行。行，品行，行为。

④则：效法，作为准则。

⑤天之明：指天空中的日月、星辰。日月、星辰的运行更迭是有规律的、永恒的，这可以成为人民效法的典范。

⑥地之利：指大地滋生万物，供给丰饶的物产。

⑦以顺天下：这里是说圣王把天道、地道、人道“三才”融会贯通，用以治理天下，天下自然人心顺从。顺，理顺，治理好。

⑧肃：指严厉的统治手段。

⑨教：这里指合乎天地之道，合乎人性人情的教育。化民：指用教育的办法感化人民，使人民服从领导。

⑩不争：指不为获得利益、好处而争斗、争抢。孔传：“上为敬则下不慢，上好让则下不争，上之化下，犹风之靡草，故每辄以己率先之也。”

⑪礼：礼仪，指处理人际关系的准则及对社会行为的各种规范。乐：音乐。儒家认为，“乐者，天地之和也；礼者，天地之序也。和，故百物皆化；序，故群物皆别。”（《史记·乐书》）也就是说，“乐”使天地之间万物和谐，“礼”使天地之间万物尊卑高下皆有秩序；和谐使万物融洽共处，有秩序使万物各得其所，有所区别。儒家学者把“礼乐”作为治理天下，教化人民的重要工具。

⑫好：善。恶：不良行为，罪恶。邢昺疏云：“故示有好必赏之令，以引喻之，使其慕而归善也；示有恶必罚之禁，以惩止之，使其惧而不为也。”

⑬“赫赫”二句：语出《诗经·小雅·节南山》。赫赫，声威显扬、气派宏大的样子。师，指太师。太师、太傅、太保为周的三公，是周王朝的最高行政长官。尹，尹氏。尹，本是官职名，古人常常以官职名作为氏名，故称“尹氏”。尔，你。瞻，仰望。此处引用诗句，着重是用“民具尔瞻”的意思，古人引书经常有断章取义的情形。

【译文】

曾子说：“多么博大精深啊，孝道太伟大了！”孔子说：“孝道，犹如天有它的规律一样，日月星辰的更迭运行有着永恒不变的法则；犹如地有它的规律一样，山川湖泽提供物产之利有着合乎道理的法则；孝道是人的一切品行中最根本的品行，是人民必须遵循的道德，是人间永恒不变的法则。天地严格地按照它的规律运行，人民以它们为典范实行孝道。效法天上的日月星辰，遵循那不可变易的规律；凭借地上的山川湖泽，获取赖以生存的便利，因势利导地治理天下。因此，对人民的教化，不需要采用严肃的手段就能获得成功；对人民的管理，不需要采用严厉的办法就能治理得好。先代的圣王看到通过教育可以感化人民，所以亲自带头，实行博爱，于是，就没有人会遗弃自己的双亲；向人民讲述德义，于是，人民觉悟了，就会主动地起来实行德义。先代的圣王亲自带头，尊敬别人，谦恭让人，于是，人民就不会互相争斗抢夺；制定了礼仪和音乐，引导和教育人民，于是，人民就能和睦相处；向人民宣传什么是好的，什么是坏的，人民能够辨别好坏，就不会违犯禁令。《诗经》里说：'威严显赫的太师尹氏啊，人民都在仰望着你啊！'"

【评析】

三才，天、地、人，合称"三才"。《易·说卦》："立天之道，曰阴与阳；立地之道，曰柔与刚；立人之道，曰仁与义。兼三才而两之，故《易》六画而成卦。"《易·系辞》："《易》之为书也，广大悉备，有天道焉，有人道焉，有地道焉，兼三材（才）而两之。"本章说孝道是"天之经，地之义，民之行"，圣王能遵天地之道，顺人性人情，因此篇题拟为《三才章》。

国学故事

清廉的海瑞

海瑞被除去应天巡抚之职后，回到海南岛琼山老家，陪着年过古稀的老母过着清贫的生活。

海瑞四岁丧父，靠母亲谢氏抚养成人，他对母亲十分孝顺，刚到南平任教谕时，就把谢氏接到任上一起生活。还在淳安任县令时，有一天海瑞买了两斤肉。一下子买两斤肉在海瑞的生活中是少有的。人们很奇怪，经一打听才知道是他为母亲过生日。后来，此事被浙督胡宗宪所知，还笑其寒酸，被当笑话传了出去（虽然被当作笑话传播出去，但是依然体现出海瑞的清廉和孝顺）。但由这件小事可以知道海瑞为官是何等清廉，按照旧习，知县为母亲祝寿，是可乘机发一笔大财的。

海瑞在琼山的全部财产仍然是出仕之前的十几亩祖业田，在海瑞手里没增加过半亩地。当时有人告诉海瑞，琼州府一带有人借海瑞名义买田放债，海瑞很生气，他在给琼州府知府的一封信中说：自为官以来，“俸金所入，仅仅足用，余无分文可债可贷，田业只祖余粮一石二斗，外来增一亩一升，有以二事呼瑞进状省，皆作伪也。乞台下一查治之，勿少假货。”

海瑞卸职后不久，老母谢氏就过世了，夫人王氏和儿子也都相继病故。在孤寂中，海瑞度过了16个年头。由于没有俸金收入，生活不济，海瑞经常替人写应酬文章，获取一点薄酬，以补生计之不足。

万历十三年，皇帝朱翊钧决定起用海瑞，任命海瑞为南京吏部右侍郎。这时海瑞已72岁了。年纪虽大，但他的刚正廉洁却不减当年。他一到任，就出布告，严禁向新任官员送礼，并把已经送来的礼物一一送回，这样一来就再也没有人敢来送礼了（体现出海瑞的刚正廉洁）。与此同时，海瑞还明令禁止各衙门向百姓摊派物品。他说，这样一个南京城，要百姓负责供给朝廷的成百上千官员的物品，百姓不是负担太重了吗？因此，他明确规定，除了原先规定必须供应的之外，一分一文也不许多取，否则严惩不贷。

但是，当时明政府官员已十分腐败，贪污成风，海瑞认为要实行朱元璋惩办贪官的律法，禁止贪污。结果引起许多朝官的反对，反诬海瑞是以“清平之世，创闻此不祥之语”。提学御史房寰首起上书，弹劾海瑞，说海瑞本“一介寒生”，却“以圣人自许”，并责问海瑞要把圣上置于何位。

1587年11月，海瑞在南京病故，临死前三日，兵部送来柴薪费多算了七钱银子，海瑞让人给退了回去。所言之事，无一语及私。死后，只有余银十余两（表明了海瑞一生清廉）。

南京缙绅及百姓，听说海瑞死了，十分悲痛。朱翊钧听到这些事，也很过意不去，下令替海瑞举行隆重葬礼，加封太子少保，谥忠介。

关心人民疾苦的魏源

魏源，清末地主阶级的思想家和改革家，他一生关心人民疾苦，颇受劳苦群众爱戴。1849年，他奉诏赴扬州府兴化县任知县。兴化县是淮河以南京杭大运河以东的一个小县。这里地势低洼，水灾不断。在运河以西，有高邮、洪泽两大湖，由于道光末年，官场腐败，“堤堰防治”无人过问，致使大坝年久失修，堤堰不固。一旦湖涨，河官恐负溃堤之责，往往不顾下游几县人民的安危，动辄下令启闸放水，造成人为的灾害，以致民不聊生，百姓怨声载道。

他到任的这一年的夏末秋初，洪水来得更早，此时，早稻已结实累累。他为了保护即将成熟的早稻，亲赴各坝，组织抗洪，坚持不许开放大坝闸门（表明了魏源关心人民疾苦的态度）。他动员了大批民夫，全力以赴地抢修堤坝。另外，他惟恐自己位卑力单不能胜任河督，就亲自登门请来了上司陆建瀛，河官不敢妄动。他不顾天气恶劣，顶着狂风暴雨，在大坝上亲自指挥抢险。那时，风雨很急，大坝随时都有决口的危险，他心急如焚，扑倒在堤上痛哭，宁愿让老天爷夺去自己的生命，也千万不要与老百姓的几万亩早稻为难。全县数万乡民被他的行为所感动，全力投入抢险。经过几昼夜的奋战，风雨稍息，终于闯过了险关。魏源浑身泥水，双眼红肿如桃，见者无不感泣。当人们含泪把他用门板从堤坎上抬下来时，陆建瀛也感叹道：“精诚所至，金石为开，岂不信然。”魏源乘船回到兴化码头夹道欢迎。

亲题“淮扬保障”四字大匾一块，高挂在县署正中。

几万亩旱稻全部保住了，这一年兴化获得了大丰收。因此，老百姓把这些稻子称为“魏公稻”，以此来感激魏源的功绩。一个封建地主阶级的官吏尚能如此，作为共产党员和党的干部更应该时刻想着人民，把人民的困难当作自己的困难，只有这样，才能做人民的好公仆、党的好干部。

靳辅治河

清初几十年间，由于战乱的影响，黄河连年泛滥，河道敝坏至极，运河阻塞，漕粮不能按期运抵京师。河患已成为威胁清初政权巩固的一个严重问题，从顺治初年至康熙十五年（1676），清廷曾五易河道总督，却不得其人，治河毫无成效。值此危难之际，靳辅作为第六任河道总督，接受了治河的艰巨任务，从此，清代治河史开始了新的篇章，而靳辅也成了清代第一位治河功臣。

靳辅（1633—1692），字紫垣，辽阳（今属辽宁）人，隶汉军镶黄旗。顺治年间入仕，康熙初年迁内阁学士。康熙十年（1671）任安徽巡抚，其间，他很注意农田水利，曾“疏请行沟田法”，“涝则泄水，旱以灌田”，并针对黄河年久失修问题多次上疏，阐明自己的治河主张，康熙帝对靳辅的工作十分满意。“奖辅实心任事”。因此，当五易河督不得其人的情况下，康熙帝深知靳辅“可任大事，故排群议而用之”，于康熙十六年（1677）三月，大胆提拔了他。

当时，人们对黄河水患大有谈虎变色之感，群臣对于河道总督之任，无不视之为畏途。靳辅受命治河，虽然心中也充满“忧惶悚惧之念”，但他十分感激康熙帝的“知遇”之恩，决心“不惮胼胝，不辞艰巨，不恤恩怨”，挺身而出，全力以赴地投身治河。

以往几任河督，治河之所以不见成效，很重要的一个原因就在于他们不能深入实际，往往高高在上，单凭下面的汇报及个人的愿望而制定方案，自然屡屡失败。而靳辅却与其前任不同，在整个治河过程中，他十余年如一日。不辞辛劳，事必躬亲，常年活动在治河第一线，掌握了大量的第一手资料，为其制定周密的治河方案和顺利完成大修计划奠定了坚实的基础（体现出靳辅工作认真以及无私奉献的精神）。

靳辅深知，治河必须先知河，“非历览而规度焉，则地势之高下，不可得而知，水势之来去，不可得而明，施工之次第，亦不可得而定也。”而靳辅对黄、淮水情和患情的透彻了解，主要是通过长期而艰苦的实地考察后取得的。康熙十六年四月初五日，靳辅赶赴宿迁河工署所就任后，立即在助手陈潢的陪同下，遍历河干，广咨博询。他们常常沿河跋涉险阻，上下数百里，一一审度。有时为了获得一个数据，甚至要在狂风暴雨中，驾一叶扁舟，到激流汹涌的波涛中测量水的深度。他们每到一处，都十分注意和倾听来自各方面的意见。“毋论绅士兵民以及工匠夫役人等，凡有一言可取，一事可行者”，“莫不虚心采择，以期得当”。由于通过实地考察，靳辅对整个黄、淮的水流规律、水患情形、致患原因、冲决要害以及整治的关键都了若指掌，因而才能站得高，看得远，提出了正确的治河方案，制定出包括八项内容的周密的大修计划，并在其上疏中论之以理，持之有据，从而取得了康熙帝的支持（体现出了他事必躬亲的态度）。

按照清初制度，凡军国大事，须召开议政王大臣会议集体讨论定夺，即所谓“廷议”。由于靳辅提出的大修计划事关重大，康熙帝便下令廷议。廷议的结果，以“目今需饷维殷”和用夫过多为由，请暂缓实行。然而康熙帝被靳辅的治河计划所打动，决心大修，便谕令说：“河道关系重大，应否缓修，并会议各本内事情，著总河靳辅再行确议具奏”。表现了对靳辅的充分信任。

靳辅为了使大修计划在下次“具奏”时能确保通过，他再一次不避劳苦，对黄、淮、运各重要工地进行了周密的实地考察（体现出他不畏辛苦的精神）。他在复奏中说：“臣反复筹维，再三勘阅，上历桃、宿、邳、睢、灵璧以至徐州，下而山（阳）、清、安东经云梯关各套港，以达海口。复阅洪泽湖一带，并高邮、宝应、江都、泰州以及安丰、何垛等各场，凡江南场州以北，黄运两河，并黄河之南北两岸，运河之东西二堤，臣莫不亲行遍历，详加体察。以臣目之所见，耳之所闻，合之舆情，参之往籍，有断难以缓议者。”由于靳辅深入实践，脚踏实地，终于用无以辩驳的证据，令人信服的道理征服了群臣，他的大修计划终于被廷议通过并付诸实施。

制定方案不易，付诸实施更难。治河是一项庞大的工程，靳辅既要同洪水拼搏，又要同积弊斗争，还要克服国家财力、人力、物力不足等等困难，他呕心沥血，事必躬亲，凡事都亲自过问，并亲临第一线，真正做到了“居中调度，反复查勘”。即使有时身体不佳，“颜色憔悴”，也坚持在治河工地，最突出的是在修筑清水潭决口的会战中，靳辅竟“身宿工次，调度董率”。一个总理全国治河工程的公卿大臣，不是高高在上，而是如此遇事奋勉，勇于实践，亲自考察，亲临第一线指挥施工，确实是难能可贵的。

靳辅治河十余载，呕心沥血，不辞劳苦，先后疏通下流，大辟海口，开挑烂泥浅渚引河，整治高家堰，筑塞翟家坝及清水潭诸决口，修复运堤，移建南、北运口，创开皂河、中河，终于大见成效，“黄淮悉复其故，运道大通”（体现出靳辅呕心沥血治河的精神）。靳辅治河成功，首先使河南、安徽、江苏数省百姓免遭水患之灾，使其生命财产得到一定保障。同时，保证了漕运畅通，促进了南北经济、文化的交流，使运河两岸各城市商品经济日趋繁荣，为“康乾盛世”的出现打下了基础，在中国古代治河史上写下了极其光辉的一页。

康熙四十六年（1707），康熙帝第六次南巡，视察河工，此时靳辅已去世15年，然而，康熙帝看到的、听到的则是“沿淮一路军民感颂靳辅治绩者，众口如一，久而不衰。”靳辅正是以其光辉的业绩，名传青史，成为一代著名的治河专家。王士祯为靳辅所作《墓志铭》，称赞他“其力可以任大事，其识可以决大疑，其才可以成大功”。

天下为公的高柔

高柔，字文惠，三国陈留（今河南省开封市陈留县）人。历任尚书郎、丞相理曹掾、颍川太守、侍御史、廷尉，赐爵关内侯，后封延寿亭侯。

高柔在家乡时，曾对人说："当今英雄并起，陈留是四方争战的战略要地。曹将军虽然占据兖州，本有四方之图，只是未能得以安坐自守。而张府君先前得志于陈留，我忧虑事变会突然发生，所以，想与大家共同避难。"众人都以张邈与太祖关系很好，高柔又年少，不在意他说的这些话。高柔的父亲高靖，任蜀郡都尉，在西州去世。当时路途艰险，兵寇纵横，高柔冒着危险到蜀都迎丧，辛苦荼毒，无所不尝，三年才得以返回（表现了高柔失去亲人的痛苦以及他不畏困难坚守孝道的精神）。

高柔后来升任廷尉。魏国初年时，三公很少参与朝政。高柔上疏说："天地依靠四时来成就其功德，国君依靠大臣的辅佐来振兴治理国家。成汤倚重伊尹的辅助，成就功业；周文王、周武王凭借周公、吕望的才智，建立大业。及至汉朝初期，萧何、曹参等人都是以元勋来做皇帝的心腹。这些都是开明贤圣的君王能够赏识信任大臣，而贤明有才能的大臣倾力辅佐君王的例证。当今的三公辅佐大臣，都是国家的栋梁，是黎民百姓所敬仰的人。把他们安置在三公的位置上，却不让他们参与国政，于是他们只好在家各自修养，很少对国家政事提出意见，这实在不是朝廷尊敬任用大臣的大义，也不是大臣出谋献策、辅佐君主的道理。古时刑律、政事疑而难决时，就在槐树下、草野中公开讨论。今后，朝廷遇有什么疑问难题或者刑狱大事，应该及时虚心地向三公咨问。三公可在每月的初一、十五这两天上朝议事，也特别邀请他们参与时政的讨论议定，放开言论，让他们尽情议论政治的得失。这样对皇上的决策以及国家政局的稳定，都会有很大好处。"文帝赞赏并采纳了他的建议（高柔升职后，不忘初心，向文帝提出治理朝政的方案，体现出他的忠孝品质）。

阅读鉴赏

本章阐述孝道的意义，同时也指出孝道就是将天、地、人三才为一的道理。天地包罗万象，孕育万物，而人的孝道乃是百行之首，人应该效法天地永恒不变的法则去孝敬父母，此外在上位的君主，也应当以孝立教。通过最朴实的国学故事，让我们知道古人是如何做到“孝义”的，并启发我们学习古人的孝行，发扬孝文化。

知识拓展

孝

我国现存最早的汉字文献资料殷商《甲骨卜辞》之中已经出现了“孝”字，反映了中华民族极为重视孝的观念。孝的本意是上一代与下一代融为一体。《说文解字》解释篆体孝字云：“善事父母者。从老省，从子，子承老也。”孝就是指老人与子女的关系。《诗经》中也有相关记载：“父兮生我，母兮鞠我，拊我蓄我，长我育我，顾我复我，出入腹我。欲报之德，昊天罔极。”所谓“百行孝为先”也反映出孝的观念已深入人心。

孝治章第八

子曰："昔者明王之以孝治天下也，不敢遗小国之臣①，而况于公、侯、伯、子、男②乎？故得万国③之欢心，以事其先王④。治国者⑤，不敢侮于鳏寡⑥，而况于士民乎？故得百姓之欢心，以事其先君⑦。治家者⑧，不敢失于臣妾⑨，而况于妻子乎？故得人之欢心，以事其亲⑩。夫然，故生则亲安之⑪，祭则鬼享⑫之，是以天下和平，灾害不生，祸乱不作。故明王之以孝治天下也如此⑬。《诗》云：'有觉德行，四国顺之⑭。'"

【注释】

①小国之臣：指小国派来的使臣。小国之臣容易被疏忽怠慢，明王对他们都以礼相待，各国诸侯来朝见天子受到款待就毋庸赘言了。

②公、侯、伯、子、男：周朝分封诸侯的五等爵位。《礼记·王制》："公、侯田方百里，伯七十里，子、男五十里。"相传周公摄政，为诸侯扩大封地，公方五百里，侯四百里，伯三百里，子二百里，男百里。除封邑有广狭之别外，诸侯的其他各种待遇，也依爵位高低有所不同。

③万国：指天下所有的诸侯国。万，是极言其多，并非实数。

④先王：指"明王"，已去世的父祖。这是说各国诸侯都来参加祭祀先王的典礼，贡献祭品。按照周代的宗法制度，由嫡长子继承王位，只有他才能主持对先王的祭祀。他的其他弟兄分别封予各等爵位，成为诸侯。参加祭祀时，他们按关系亲疏及爵位高低来"助祭"。

⑤治国者：治理国家的君王，即诸侯。国，指诸侯的封地。

⑥鳏（guān）寡：《孟子·梁惠王下》：“老而无妻曰鳏，老而无夫曰寡。”后代通常称丧妻者为鳏夫，丧夫者为寡妇。

⑦先君：指诸侯已故的父祖。这是说百姓们都来参加对先君的祭奠典礼。

⑧治家者：指卿、大夫。家，指卿、大夫受封的采邑。

⑨臣妾：指家内的奴隶，男性奴隶曰臣，女性奴隶曰妾。也泛指卑贱者。

⑩以事其亲：这是说卿、大夫因为能得到妻子、儿女，乃至奴仆、妾婢的欢心，所以全家上下都协助他奉养双亲。天子与诸侯之位，都是父死子袭，因此，他们只能事“先王”、“先君”；而卿、大夫的职位不必父死子袭，因此，他们得以在双亲健在时侍奉双亲。亲，父母双亲。

⑪生则亲安之：生，活着的时候。安，安乐，安宁，安心。之，指双亲。《大戴礼记·曾子大孝》：“养可能也，敬为难；敬可能也，安为难；安可能也，久为难；久可能也，卒为难。”可见曾子认为，实行孝道中以使父母长久安乐及有一个完满的终结为最难。

⑫鬼：指去世的父母的灵魂。享：祭祀时要给死者贡献酒食，让亡灵享用。

⑬如此：指“天下和平”等福应。孔传：“行善则休征（吉祥的征兆）报之，行恶则咎征随之，皆行之致也。”这是说由于明王用孝道治理天下，有美德善行，因此才有这种种福应。

⑭“有觉”二句：语出《诗经·大雅·抑》。意思是，天子有伟大的德行，四方各国都顺从他的教化，服从他的统治。觉，大。四国，四方之国。

【译文】

孔子说：“从前，圣明的帝王以孝道治理天下，就连小国的使臣都待之以礼，不敢遗忘与疏忽，何况对公、侯、伯、子、男这样一些诸侯呢！所以，就得到了各国诸侯的爱戴和拥护，他们都帮助天子筹备祭典，参加祭祀先王的典礼。治理封国的诸侯，就连鳏夫和寡妇都待之以礼，不敢轻慢和欺侮，何况对士人和平民呢！所以，就得到了百姓们的爱戴和拥护，他们都帮助诸侯筹备祭典，参加祭祀先君的典礼。治理采邑的卿、大夫，就连奴婢僮仆都待之以礼，不敢使他们失望，何况对妻子、儿女呢！所以，就得到大家的爱戴和拥护，大家都齐心协力地帮助主人，奉养他们的双亲。正因为这样，所以父母在世的时候，能够过着安乐宁静的生活；父母去世以后，灵魂能够安享祭奠。正因为如此，所以天下和和平平，没有风雨、水旱之类的天灾，也没有反叛、暴乱之类的人祸。圣明的帝王以孝道治理天下，就会出现这样的太平盛世。《诗经》里说：‘天子有伟大的道德和品行，四方之国无不仰慕归顺。’”

【评析】

孝治，论明王以孝道治理天下，就能使“天下和平，灾害不生，祸乱不作”。后代夸大“孝治”功能，说“天子孝，天龙负图，地龟出书，妖孽消灭，景云出游”（《太平御览》卷四一一引《孝经·左契》），已是谶纬家的荒诞之言了。

国学故事

莽知县汪辉祖

“官不勤职，咎有难辞。”这是清朝乾隆年间湖南宁远县知县汪辉祖的一句名言，也是他为官的座右铭。

汪辉祖（1730—1807），字焕曾，号龙庄，晚号归庐，浙江萧山人。年轻时曾“人州县掌书记”。充当州县官的幕僚，并“持正不阿，为时所称”。乾隆三十一年（1766）进士，授湖南宁远县知县。由于有在官场的经历，汪辉祖上任之初便公开向百姓表明了自己的态度：要勤于政务。上对得起朝廷，下对得起黎民百姓（表明了汪辉祖勤政的态度）。并明确提出："官不勤职，咎有难辞"。实际上，这也是他的就职宣言。在封建社会晚期，当众多官员都在醉生梦死、贪赃枉法的情况下，汪辉祖能公开表明自己的态度，并把自己的行动置于百姓的监督之下，这还是需要些勇气的。

汪辉祖做官的时间并不长，但他确实是按照自己的话去做的。他处理政务事必躬亲，从来不假他人之手。据阮元《循吏汪辉祖传》，汪辉祖到任之后，即"延见绅耆，问民疾苦，四乡广狭肥瘠、人情良莠皆籍记之，然后教民多种植。知礼让，惜廉耻。诫昏（婚）礼之费，而民知俭；禁丧礼之酒，而民知哀。鄙陋之俗，翕然丕变。"以上记载不免有溢美之词，但汪辉祖以勤职自勉，处理政务事必躬亲却是事实。正因为如此，他才能任官有"惠政"，同时得到了百姓的信赖（表现出他事必躬亲的态度）。

汪辉祖"惠政"之突出者，即判案公允。这与他认真研究律法，亲自查阅案卷，注重调查了解情况是分不开的。同时，在办案中，他还"尤善色听"，从而保证了审案不先入为主，并不受他人影响。因此，"决狱皆曲当"，人称"神明"。对此，汪辉祖还不满意。为了不造成冤狱，"每决狱，纵民观听"，判决之后，也还经常询问堂下观者是否允当。他在宁远的几年中，处理了众多案件，大都为百姓所称赞。更为可贵的是，汪辉祖审案不仅注意判决之公允，而且还特别注意对犯人的教育。他常在判决之后对犯人晓之以理，动之以情，劝其改恶从善。阮元的《循吏汪辉祖传》有如下记载：遇罪人当予杖，呼之前曰："若律不可逭，然若受父母肤体，奈何行不肖亏辱之？"再三语，罪人泣，君亦泣。或对簿者反代请得保全，去卒改行为善。

汪辉祖判案远近闻名，以至"他邑有讼，闻移辉祖鞫之者，皆大喜"。

汪辉祖另一个突出的"惠政"，即解决了宁远的食盐问题。宁远县一直是由政府控制，行销淮盐，而淮盐价格昂贵，比盐商私行销售的粤盐高出几倍。因此，宁远百姓多食粤盐。但是，粤盐的买卖在当时的宁远县是违反清政府有关食盐销售法的。因此，上官经常派营弁侦捕，以致“人情惶忧”。汪辉祖了解到这一情况后，深感为百姓解除疾苦乃当官之要务，于是下决心解决百姓的食盐问题。他走出官府，亲自调查了私盐的销售情况以及百姓的意愿，制定了妥善的改革方案（表现出汪辉祖敢作敢为的态度）。他一方面向上司呈文，指出“盐愈禁则值日增。夫私不可纵，而食淡可虞”。请求上司允许在宁远改售粤盐。同时在县内张贴告示，声明：凡盐商少量销售粤盐，一次不超过十斤者，听其便。很快，宁远的食盐问题得到了改善，百姓拍手称快。但是，上司派出的侦弁却上告汪辉祖故意放纵走私。汪辉祖敢作敢为，据理力争。后来，湖广总督毕沅了解了这一情况，不仅佩服汪辉祖的胆量，而且十分赞赏他的做法，于是下令嘉奖，并“立弛粤盐禁”。这件事在当时影响颇大，汪辉祖也因此受到舆论的赞扬，被称为“莽知县”。

李白醉酒回战书

唐玄宗时，渤海国的使者带着国书来到长安。唐玄宗召番使，命令翰林学士宣读番书。不料，翰林学士打开番书，见上面全是些奇怪文字，竟一字不识。唐玄宗又命太师杨国忠宣读，杨国忠也一字不识。唐玄宗宣诏文武百官，文武百官也没有一个人识得。唐玄宗大怒，道：“枉有你们这些文武百官。这封信认不出来，如何回话，番使回去定然嘲笑我大唐江山没有人……”唐玄宗最后传旨：“如果9天内还不能知道番书内容，一律处斩，另选大臣，保护大唐江山！”

翰林学士贺知章回到家中，长吁短叹，一筹莫展。贺知章的窘态惊动了家中的客人李白——李白因进京赶考，受到杨国忠和高力士的排挤，名落孙山，此时正寄居在贺知章家中。李白问明情况，道：“可惜我李白金榜无名，不能为朝廷分忧解难（表现出李白万分遗憾的心情）。”贺知章问知李白能识番文，惊喜万分，立刻向唐玄宗做了汇报。唐玄宗赐李白进士及第，穿紫袍束金带，在金銮殿上接见了李白。李白捧起番书，用唐音译出，念道："渤海国大可毒书达唐朝官家：自你占了高句里，与俺国逼近，边兵屡屡侵犯我界，想必出自官家之意。俺如今不可耐者，差官来讲，可将高句里一百七十六城，让与俺国……若还不肯，俺起兵来厮杀，且看那家败胜！"

这分明是一份"宣战书"。

唐玄宗问文武百官："番人要兴兵抢占高句里，有何策可以应敌？"众人缄口不答。贺知章道："太宗皇帝3次远征高句里，都没有取胜。后来借助高句里内乱之机，派李勣、薛仁贵率百万大军才征服了高句里。如今天下太平，多年不遇战事，既没有良将，也没有精兵，如果打起仗来，很难说能不能取胜。"玄宗问："那我们该如何回复番使？"贺知章指着李白说："陛下还是问李白吧（体现出李白在当时已经有了一定的威信）。"

李白侃侃而谈："皇上尽管放心，明天召见番使，我当面回答他，也用鸟兽一般文字。一定要他们的可毒知我大唐王朝威严，拱手束降。"

唐玄宗当即封李白为翰林学士，设宴款待。李白大醉而归，第二天上朝酒气还未退。借助酒劲，李白想起科考时被杨国忠和高力士侮辱的情景，上奏玄宗要求高力士为他脱靴、杨国忠为他捧砚磨墨（体现出李白心中对朝野权贵的愤恨）。玄宗正在用人之际，立刻准奏。李白神清气爽，大笔一挥，不一会儿就写好了吓蛮书，献到玄宗面前。玄宗但见上面龙飞凤舞，却一字不识，心中暗暗吃惊，于是让李白宣读。李白朗朗念道：

"大唐开元皇帝，诏谕渤海可毒：自昔石卵不敌，蛇龙不斗。本朝应运开天，抚有四海，将勇卒精，甲坚兵锐……方今圣度汪洋，恕尔狂悖，急宜悔祸，勤修岁事，毋取诛戮，为四夷笑……"

番使听后大为震惊。回到渤海国，番使将大唐国书交给渤海国国王，国王看后惊恐地说："天朝有神仙赞助，如何敌得！"于是，写了降表，归顺大唐王朝。

郦食其助刘邦夺陈留

要想占有有利地势，并非单靠死拼，若是用一些策略，也可轻而易举地取胜。

公元前208年，刘邦受楚怀王派遣，西进入关，直捣秦都咸阳。刘邦率兵不到一万人，加上一路重镇、险关都有秦军把守，每前进一步都困难重重。为了壮大部队声势，刘邦就一路进军，一路扩编部队，但却在进攻昌邑时，遭到挫折。刘邦只好另外取道西进，在途经高阳时，士兵来报说："有一位叫郦食其（lì yì jī）的老儒生求见。"刘邦向来瞧不起儒生，这时正由两个侍女在给他洗脚，就很随便地说："让他进来。"郦食其进来后，刘邦头也不抬，像没看见一样（表达出郦食其起初不被重视的现象）。郦食其见状也不下跪，作了一个揖，就高声道："足下带兵到此，是帮助秦打各国呢，还是帮助其他国灭秦？"刘邦听他如此问话，不禁大怒："哪来的书呆子，难道天下人想灭秦，独我会去助秦？"郦食其接着道："那么，你为什么接见长者这样傲慢无礼？打仗不能没有计谋，你这样慢待贤士，还有什么人再来献计呢？"刘邦听他出语不凡，马上停止洗脚，整顿衣冠，恭敬地把老人扶到上座，虚心求教。

郦食其滔滔不绝地阐述了六国战败的原因。刘邦心悦诚服，问他怎样才能攻下咸阳。郦食其笑道："足下兵马不过万余，要想直接跟秦兵作战，就好比驱羊入虎口，危险得很！"刘邦忙问对策，郦食其说："依我之见，不如先去占领陈留。陈留是个交通要道，四通八达，进可攻，退可守，而且城中有很多粮食。"刘邦正愁军粮不足，赶紧问有什么好办法可取陈留。郦食其说："如果足下想得陈留，我愿效力。陈留县令与我相识多年，可为足下前去劝降。"刘邦又问陈留县令是否愿降。郦食其回答：如果他不愿意，就请刘邦夜间带兵攻城，他在城里做内应，一旦攻下陈留，就在那里招兵买马，再西进入关。刘邦十分高兴，忙派郦食其先去陈留，自己则率精兵候于城外（与前文刘邦的态度形成对比）。

郦食其来到陈留，县令见故人到来，盛情款待。席间，郦食其谈及天下大势，成败利害，县令不为所动，表示愿与城共存亡。郦食其见此，只好改变话题。县令痛饮之后，竟烂醉如泥。当晚，郦食其偷开城门，放刘邦伏兵入城。刘邦率兵冲入县署，杀了醉卧不醒的县令。守军见此，纷纷投降，刘邦入城后，查看粮仓，果然积粮丰满，心中大喜，当即封郦食其为广野君。刘邦的部队有了足够的军粮，前进途中不抢不掠，深得民心，队伍不断扩大（表明郦食功劳之大）。

此后，刘邦率军一路顺利，终于在公元前206年10月围困了咸阳。秦王子婴既不能战，又不能守，只好出城投降，秦王朝从此灭亡。

以心为本，一心合天

张浚，字德远，南宋汉州绵竹（今四川省绵竹市）人。四岁时父母亡故，沦为孤儿。但他行直视端，无诳言，识者知为大器。后入太学，中进士第。靖康初，为太常簿。高宗即位，除枢密院编修官。靖康事变后，南宋朝廷被迫南迁，局势混乱不堪，这时，发生了一件恶性事件，后军统制韩世忠的部下逼迫朝廷谏臣坠水而死，张浚坚决奏请将手握军权、立有大功的韩世忠查办，结果朝廷罢免了韩世忠观察使的职务。史书说：从此“上下始知有国法在”。擢殿中侍御史，拜右相，兼枢密使。

建炎三年，护卫亲军发生兵变，形势严重，恰巧韩世忠率军队抵达常熟。张浚说：“世忠来，大事可定。”急以书信相招。韩世忠到来，相对感动而流泪。韩世忠说：“世忠愿与张公以身家性命担当。”于是，张浚召集韩世忠手下将士，厉声问道：“今日之举，孰顺孰逆？”一致回答说：“贼逆我顺。”张浚说：“叛贼悬示重赏，要我的脑袋。如果我今天的行为违背天意人心，你们觉得我该杀，现在就可杀了我去领赏；否则，就跟着我去杀贼，任何人胆敢退缩，就以军法从事，严惩不贷（这段话正好体现出张浚行直视端，无诳言，识者知为大器）。”众皆感愤，愿服从节制，建功杀贼。于是，张浚命令韩世忠率军赴阙救驾，平息了亲军叛乱。

孝宗即位，召见张浚。当时，张浚任职建康府，兼行宫留守，节制建康、镇江府、江州、池州、江阴军军马。皇上说："很早就听说你的名字，现在，朝廷所能依靠的只有你啊（表明张浚很受皇上的重视）。"礼请张浚入座，咨询国家要务。张浚从容回答说："帝王之学，以心为本，一心合天，还有什么事情办不成呢？所谓'天'，就是指天下的公理、人心。必须兢兢业业，克服私心杂念，坚持修养品德，保持清醒，躬行公正，使赏罚举措，没有失当之处，那么，天下人心就会自动归顺，诚心拥戴，敌人也会从内心诚服。"孝宗悚然警醒说："我当谨记不忘。"

阅读鉴赏

本章所讲的是要以孝来治理天下。孝治能否成功，和孝道之间有着莫大的关系。君王对天下的孝其实就是自身的英明，君王以孝来治理天下，就不会出现祸乱灾害和民不聊生的情景，以孝治理天下，则天下太平。如果天子、诸侯、大夫都能用孝道来治理国家，那么一定可以得到人民的欢心，得到人民的欢心才是真正的孝治的本意。

知识拓展

爵　位

爵位，是古时候贵族和皇室当中的封号，用来表示身份高低和权力等级。爵位还可以称为封爵或者世爵。大部分封建制度的国家都以爵位来区分贵族的等级。其称谓、财产以及特权是由世袭的方式所维持与传承下来的。

圣治章第九

曾子曰："敢[1]问圣人之德，无以加于孝乎？" 子曰："天地之性[2]，人为贵。人之行，莫大于孝。孝莫大于严父，严父莫大于配天[3]，则周公其人也[4]。昔者，周公郊祀[5]后稷以配天，宗祀文王于明堂[6]。以配上帝。是以四海之内，各以其职来祭[7]。夫圣人之德，又何以加于孝乎？故亲生之膝下[8]，以养父母日严[9]。圣人因严以教敬[10]，因亲以教爱。圣人之教，不肃而成，其政不严而治，其所因者本也。父子之道，天性也，君臣之义也。父母生之，续莫大焉[11]。君亲临之，厚莫重焉[12]。故不爱其亲而爱他人者，谓之悖德[13]；不敬其亲而敬他人者，谓之悖礼。以顺则逆[14]，民无则焉[15]。不在于善，而皆在于凶德，虽得之，君子不贵[16]也。君子则不然，言思可道，行思可乐，德义可尊，做事可法，容止可观，进退可度，以临其民。是以其民畏而爱之，则而象之[17]。故能成其德教，而行其政令。《诗》云：'淑人君子，其仪不忒[18]。'"

【注释】

①敢：谦词，有冒昧的意思。

②性：指性命，生灵，生物。

③配天：根据周代礼制，每年冬至要在国都郊外祭天，并附带祭祀父祖先辈，这就叫做以父配天之礼。

④则周公其人也：以父配天之礼，由周公始定。

⑤郊祀：古代帝王每年冬至时在国都郊外建圜丘作为祭坛，祭

祀天帝。

⑥宗祀：即聚宗族而祭。宗，宗族。文王：姓姬名昌，商时为西伯，据说能行仁义，礼贤者，敬老慈少，从而使国家逐渐强大，为日后武王灭商奠定了基础。明堂：古代帝王布政及举行祭祀、朝会、庆赏、选士等典礼的地方。

⑦职：职位。这是说海内诸侯，各按职位，进贡财物特产，趋走服务，帮助完成祭祀典礼。

⑧故亲生之膝下：这是说子女对父母的亲爱之心在幼年时期即自然天成。明人项霦《孝经·述注》云："孩提之童，无不知爱其亲，自生育膝下，侍奉父母，渐长则严敬之心日加。"亲，亲爱父母之心。膝下，膝盖之下，喻年幼之时。

⑨日严：日益尊敬。

⑩因严以教敬：孔传："言其不失于人情也。其因有尊严父母之心，而教以爱敬；所以爱敬之道成，因本有自然之心也。"这是说圣人以人的自然天性中的尊父之心为凭依，加以教育培养，使之升华为理性的"敬"。

⑪续：指继先传后。这是说父母生下儿子了，使儿子得以继承父母，如此连续不绝，这是人伦关系中最为重要的。

⑫君亲临之，厚莫重焉：是说父亲对儿子，具有国君与父亲的双重意义的身份，既有君王的尊严，又有为父的亲情，既有君臣之义，又有天性之恩，在人伦关系中，厚重莫过于此。

⑬悖（bèi）德：违背常识的道理、道德。悖，违背，违反。

⑭以顺则逆：是"以之顺天下则逆"的省略，是说，如果用"悖德"和"悖礼"来教化人民，治理人民，就会把一切都弄颠倒。

⑮民无则焉：人民无所适从，没有可以效仿的。

⑯不贵：即鄙视，厌恶。贵，重视，赞赏。

⑰"是以"二句：敬畏君王的威严，爱戴君王的美德，以君王为楷模，仿效他。

⑱"淑人"二句：语出《诗经·曹风·鸤鸠》。淑，美好，善

良。仪，仪表，仪容。忒，差错。

【译文】

曾子说：“请允许我冒昧地提个问题，圣人的德行中，难道就没有比孝行更为重要的吗？”孔子说：“天地之间的万物生灵，只有人最为尊贵。人的各种品行中，没有比孝行更加伟大的了。孝行之中，没有比尊敬父亲更加重要的了。对父亲的尊敬，没有比在祭天时以父祖先辈配祀更加重要的了。祭天时以父祖先辈配祀，始于周公。从前，成王年幼，周公摄政，周公在国都郊外圜丘上祭天时，以周族的始祖后稷配祀天帝；在聚族进行明堂祭祀时，以父亲文王配祀上帝。所以，四海之内各地的诸侯都恪尽职守，贡纳各地的特产，协助天子祭祀先王。圣人的德行，又还有哪一种能比孝行更为重要的呢！子女对父母的亲爱之心，产生于幼年时期；待到长大成人，奉养父母，便日益懂得了对父母的尊敬。圣人根据子女对父母的尊崇的天性，引导他们敬父母；根据子女对父母的亲近的天性，教导他们爱父母。圣人教化人民，不需要采取严厉的手段就能获得成功；他对人民的统治，不需要采用严厉的办法就能管理得很好。这正是由于他能根据人的本性，以孝道去引导人民。父子之间的关系，体现了人类天生的本性，同时也体现了君臣关系的义理。父母生下儿子，使儿子得以上继祖宗，下续子孙，这就是父母对子女的最大恩情。父亲对于儿子，兼具君王和父亲的双重身份，既有为父的亲情，又有为君的尊严，父子关系的厚重，没有任何关系能够超过。如果做儿子的不爱自己的双亲而去爱其他什么别的人，这就叫做违背道德；如果做儿子的不尊敬自己的双亲而去尊敬其他什么别的人，这就叫做违背礼法。如果有人用违背道德和违背礼法去教化人民，让人民顺从，那就会是非颠倒；人民将无所适从，不知道该效法什么。如果不能用善行带头行孝，教化天下，而用违背道德的手段统治天下，虽然也有可能一时得志，君子也鄙夷不屑，不会赞赏。君子就不是那样的，他们说话，要考虑说的话能得到人民的支持，被人民称道；他们做事，要考虑行为举动能使人民高兴；他们的道德和品行，要考虑能受到人民的尊敬；他们从事制作或建造，要考虑能成为人民的典范；他们的仪态容貌，要考虑得到人民的称赞；他们的动静进退，要考虑合乎规矩法度。如果君王能够像这样来统领人民，管理人民，那么人民就会敬畏他，爱戴他；就会以他为榜样，仿效他，学习他。因此，就能够顺利地推行道德教育，使政令顺畅地得到贯彻执行。《诗经》里说：'善人君子，最讲礼仪；容貌举止，毫无差池。'"

【评析】

圣治，圣人之治，即圣人对天下的治理。此处所说明的堂祭祀制度，与其他儒家经典不全相合，在各朝制定礼仪制度时或依据《孝经》之说，如晋武帝太康十年（289年）就颁诏按《孝经》制定祭祀天地及配祀制度（《宋书·礼志》三）。《孝经》的影响由此可见一斑。

国学故事

晏子崇节俭

晏子，名婴，字仲，谥平，春秋时齐国大夫，历仕灵公、庄公、景公三世。晏子从政思想，以崇俭恤民为最突出。他认为，作为一个"领导治国"的国君，一定要体恤民间的疾苦，关心人民的生活，"知其贫富，勿使冻馁，则民亲矣"。"古之贤君饱而知人之饥，温而知人之寒，逸而知人之劳。"如果身为国君只顾自己享乐、奢侈过度，"则亦为民而忧矣"。因此，他针对齐国危机四伏的政治局面，不顾个人安危，当面规谏齐景公说："穷民贱力以供嗜欲，谓之暴；崇好威严，拟乎君，谓之逆；刺杀不辜谓之贼。此三者守国之大殃。”意思是吸尽人民血汗用来供自己享受，是一种暴行；模拟天子的威严而讲排场，是一种逆行；杀害无辜的人，是一种恶行（这句话体现出晏子一心为民的态度）。治国的人若有这“三殃”，国家就会濒临危险的境地，江山必定难保。

晏子为了让景公明白“三殃”的危害，常常用历史故事或比喻去加以规谏。有一次，晏子向景公讲述周文王和楚灵王的故事，然后意味深长地指出：周文王求贤若渴，不嬉戏，不打猎，国泰而民安；楚灵王嫉贤妒能，爱细腰，修宫室，众叛而亲离。景公听了很受感动，立即采纳晏子的忠言。严格要求自己，节制奢华生活，并下令开仓，赈济受饥寒的劳苦群众。因此，百姓能安心生产，社会得到稳定，经济逐渐繁荣。

晏子不仅经常规劝国君要警惕“三殃”的危害，而且还能严格约束自己，他的一件狐裘穿了30年，食不重肉，坐则敝车，连住的也是又低又潮的破房子（通过对他行为的描写体现出他为官清廉、体恤民情的作风）。他对自己一贯很苛刻，而对人民的疾苦却时刻关心。由于晏子在施政中能够体恤民情，时刻提醒国君要崇俭恤民，力戒奢侈，在外交中又为齐国争得了荣誉，因而深得人心，他与郑国子产、吴国季札被列为“三贤”。

退避三舍

春秋时期，晋国公子重耳逃亡在楚国时，楚王设宴款待他。酒过三巡，楚王乘酒兴对重耳说：“有朝一日，公子返回晋国，将如何报答我？”

重耳想了想，回答道：“如果托大王洪福，我真的能够回晋为君，我一定让晋国与楚国友好相处。如果迫不得已，两国不幸交战，我一定下命令让我国军队退避三舍（一舍合30里）以报大王恩德。”

四年之后，重耳返回晋国，当了国君，史称晋文公。晋文公励精图治，选贤任能，几年后就使晋国强大起来。接着他又建立起三军，命先轸、狐毛、狐偃等人分任三军统帅，准备征战，以称霸中原。

晋国日益强大，南方的楚国也日益强盛。公元前633年，楚国联合陈、蔡等国向宋国发起攻击。宋国向晋求援，晋文公亲率三军增援宋国。

楚军统帅成得臣是个骄傲狂暴的人。晋文公深知成得臣的脾气，决心先激怒他，然后消灭他。成得臣急于寻找战机，晋文公就设计暂不与他交锋。当初与楚王宴饮，晋文公许诺如与楚军交战，一定退避三舍。这一次，晋文公信守诺言，连退三舍，一直退到城濮这个地方才停下来（体现出晋文公的聪明智慧，即遵守了承诺也有后续的计划消灭敌人）。

其实，晋文公的后撤是早已计划好的了，可以一举三得：一是争取道义上的支持；二是避开强敌的锋芒，激怒成得臣；三是利用城濮的有利地形。

楚将斗勃劝阻成得臣道："晋文公以一国之君的身份退避我们，给了我们好大的面子，不如借此回师，也可以向楚王交代。不然，战斗还未开始，我们已经输了一场。"

成得臣说："气可鼓而不可泄。晋军撤退，锐气已失，正可乘胜追击！"于是，挥师直追。

晋、楚双方在城濮摆下战场，晋国兵力远不如楚国，因此，晋文公也有些担心。狐偃道："今日之战，势在必胜，胜则可以称霸诸侯；不胜，退回国内，有黄河天险阻挡，楚国也奈何不了我们！"晋文公因此坚定了决战和取胜的信心。

战斗开始后，晋军下令佯作败退，楚军右军挥师追赶，一阵呐喊声中，晋军战车突然冲出。晋军战车驾车的马上都披着虎皮，楚军见了，惊惶地乱跑乱叫，晋军乘机掩杀，楚右军一败涂地（体现出晋军作战时的英勇）。

先轸见晋军获胜，一面命人骑马拉着树枝向北奔跑，一面派人扮成楚军士兵向成得臣报告：右军已经获胜。成得臣远望晋军向北奔跑，又见烟尘滚滚，于是信以为真。

楚左军统帅斗宜申指挥楚军冲入晋军狐偃阵中，狐偃且战且退，把斗宜申引入埋伏圈，将楚军全歼。先轸故伎重演，又派人向成得臣报告：左军大胜，晋军败逃。成得臣见左、右二军获胜，亲率中军杀入晋军中军之中。这时，先轸与胥臣、狐偃率晋军上军、下军前来助战，成得臣方知自己的左军、右军已经大败。成得臣拼命突围，又被晋将挡住去路，幸得晋文公及时发出命令，饶成得臣一死以报当年楚王厚待之恩，成得臣才得以逃回本国。

管仲购鹿制服楚国

战争固然是铁血的交锋、生灵的厮杀，但是在一定的条件下，开展正确有力的政治、外交斗争，甚至是经济斗争，仍有可能达到“不战而屈人之兵”的目的。

春秋战国时，管仲把齐国治理得很好，征服了许多割据一方的诸侯国，辅助齐桓公称霸中原。可楚国不听齐国的号令；齐若不征服楚，华夏就不能统一（突出管仲的战略思维）。

那么如何征服楚国呢？

当时齐国有好几位大将军纷纷向齐桓公请战，要求率重兵去打楚国，以兵威震慑楚国称臣。但担任相国的管仲连连摇头，说：“齐楚交战，旗鼓相当，够一阵拼杀的。一则我们得把辛辛苦苦积蓄下来的粮草用光，再有齐楚两国数万生灵将成为尸骨。”一番话把大将军们说得哑口无言。

管仲说完，就带大将军们看炼铜去了。他们不知道管仲有何妙计征服楚国（表现出管仲的深谋大智）。

一天，管仲派十几名商人到楚国去购鹿。当时鹿是较稀少的动物，仅楚国才有，但人们只把鹿作为一般的可食动物，两枚铜币就可买一头。管仲派去的商人在楚国到处扬言：“齐桓公好鹿，不惜重金。”楚国商人见有利可图，纷纷加紧购鹿，起初三枚铜币一头，过了十几天，加价为五枚铜币一头。

楚成王和楚国大臣闻知后，颇为兴奋。他们认为繁荣昌盛的齐国即将遭殃，因为十年前卫懿公好鹤而把国亡了，齐桓公好鹿是蹈其覆辙。他们在宫殿里大吃大喝，等待齐国大伤元气，他们好坐得天下。这时管仲又把鹿价提高到四十枚铜币一头。楚人见一头鹿的价钱与数千斤粮食相同，于是纷纷放下农具，拿起猎具奔往深山去捕鹿；连楚国军兵也停止训练，陆续将兵器换成猎具，偷偷上山了。

一年间，楚地大荒，铜币却堆积如山。

楚人欲用铜币去买粮食，却无处买。因管仲已发出号令，禁止各诸侯国与楚通商买卖粮食。

这样一来，楚军人黄马瘦，战斗力大丧。管仲见时机已到，即集合八路诸侯之军，浩浩荡荡开往楚境，大有席卷之势。而楚成王此时已是内外交困，毫无招架之力，无可奈何，忙派大臣前去求和，同意不再割据一方欺凌小国，保证接受齐国的号令。管仲就这样未动干戈，便制服了本来很强大的楚国。

以至诚之心，达教化之功效

王伽是隋代章武（今河北省黄骅市西北）人。后任雍县县令，颇有政绩。

开皇末年，王伽任齐州参军。只是做些日常的琐事，没有什么值得称道之处。后来因受州官委派，押送被判处流放罪的囚犯李参等七十多人到京师去。当时制度规定：凡是被判流放的犯人，解送的途中必须带着枷锁。走到荥阳的时候，王伽怜悯他们带着枷锁行路的凄苦痛楚，就把他们一个个召集起来对他们说：“你们既然已经触犯了国法刑律，不仅损害了自己的名誉，也有愧于父母的教养，而使自己遭到监禁，让你们披枷带锁长途行路，这是我的职责。但是现在又要劳累这些兵卒看守你们，跟你们受苦，难道你们心里就不觉得愧疚吗（体现出了王伽的怜悯之情）？”李参等人接受训导，向王伽表示歉意。

王伽接着说:“你们虽然违犯了国家的法律,但是,带着枷锁行走,也太辛苦了。我的想法是给你们去掉枷锁,让你们轻松自由地走到京城后集合,你们能够按期赶到吗?”

囚徒们听后,全都跪拜致谢,同声说:“我们一定不敢违期。”

王伽于是去掉他们身上的枷锁,解散了看守护送的兵卒,同他们约定赶到京城集合的日期。王伽说:“这天如果有人不来,我就替你们承担死罪!”王伽转身扬长而去(体现出王伽宽广的胸襟以及对囚徒们的信任)。

这些被流放的囚徒们,感念王伽对他们的信任,全都按期赶到京城集合,没有一个人叛逃。

皇上听到这件事后感到惊异,于是召见王伽,对他的做法夸赞良久。然后,又召见这些囚犯,并允许他们各自带着妻子儿女前往晋谒,并在殿廷上赐宴宣布赦免他们的罪过。当即颁布诏书:“凡是一切含灵性的有生命的人,都是深知善恶,明断是非的。如果在平时,官府能够以至诚之心对待人民,明确地加以教育劝导,那么社会习俗必定能够向着好的方向转化,人们都能够弃恶从善。以往因为天下离心而发生动乱,德教废弛,官吏又没有慈爱之心,百姓各怀奸诈之意,所以作奸犯科等从无止息,以致人情淡薄冷漠,难以治理。现在,我接受上天的使命,安养天下百姓,推行神圣的法纪对他们加以引导,用高尚的品德感化、教育人民。日夜勤勉,孜孜不倦,本意就是建立德化的社会风尚。王伽深深地理解我的心意诚心诚意地教导李参。李参等人也能够诚心醒悟,自动到官府承担罪责,说明百姓并不是难以教化的,只是官员不能以诚心认真劝导,致使他们误犯法纪,陷入犯罪,却又无从悔过自新。假如所有的官吏都能够像王伽这样,平民都像李参等人,那么达到不用刑法就能达到天下大治的境界,又有什么难的呢(王伽的行为感动了皇上,使皇上也大发慈悲)?”

于是,皇上立即提拔王伽为雍县县令。

以宽仁之心,至诚待物,化行所属,爱结人心,就会达到教化的功效。

阅读鉴赏

在远古的时候，民风比较纯朴，虽然那个时候对父母的孝敬之心已经有了萌芽，但是却并没有一套比较完整的礼仪。后来，仁义之心以及正义之道引起了人们的重视，孝敬亲人所得到的赞誉也越来越明显，圣人由此悟出了用孝道教化百姓，根据子女孝敬父母的道理来教导人们要尊敬他人，根据父母爱护子女的道理来教导人们爱护他人。本章对父母的孝敬和对兄长的孝悌都推移到对君王的忠孝上来，对扩展孝道的范围有着非常重要的意义。

知识拓展

淑　人

淑人是古代妇女的封号，宋代用来封赐尚书以上官员至执政者的母、妻。明、清时期用来封赐三品官的妻子，而封赐官的母亲和祖母，则称为太淑人。清朝的时候又用来封赐宗室奉国将军的妻子。

纪孝行章第十

子曰："孝子之事亲也，居则致其敬[①]，养则致其乐[②]，病则致其忧[③]，丧[④]则致其哀，祭则致其严[⑤]，五者备矣，然后能事亲。事亲者，居上不骄，为下不乱，在丑[⑥]不争。居上而骄则亡，为下而乱则刑，在丑而争则兵。三者不除，虽日用三牲[⑦]之养，犹为不孝也[⑧]。"

【注释】

①居：平日家居。致：尽。孔传："谓虔恭朝夕，尽其欢爱。"

②养：奉养，赡养。乐：欢乐。孔传："和颜说（悦）色，致养父母。"郑注："若进饮食之时，怡颜悦色。"

③致其忧：充分地表现出忧伤焦虑的心情。

④丧：指父母去世，办理丧事的时候。

⑤祭则致其严：《礼记·祭义》说，祭祀时事死如生，"入室，僾然（微微）必有见乎其位；周还出户，肃然必有闻乎其容声；出户而听，忾然必有闻乎其叹息之声"。

⑥在丑：指处于低贱地位的人。丑，卑贱之人。

⑦三牲：牛、羊、豕。旧俗一牛、一羊、一豕称为"太牢"，是最高等级的宴会或祭祀的标准。说每天杀牛、羊、豕三牲来奉养父母，这是极而言之的说法。

⑧犹为不孝也：如果不能去除前面所说的三种行为："居上而骄"、"为下而乱"、"在丑而争"，那么都将造成生命危险，使父母忧虑担心，因此，这样的人就不能算作孝子。

【译文】

孔子说：“孝子奉事双亲，日常家居，要充分地表达出对父母的恭敬；供奉饮食，要充分地表达出照顾父母的快乐；父母生病时，要充分地表达出对父母健康的忧虑关切；父母去世时，要充分地表达出悲伤哀痛；祭祀的时候，要充分地表达出敬仰肃穆，这五个方面都做齐全了，才算是能奉事双亲尽孝道。奉事双亲，身居高位，不骄傲恣肆；为人臣下，不犯上作乱；地位卑贱，不相互争斗。身居高位而骄傲恣肆，就会灭亡；为人臣下而犯上作乱，就会受到刑戮；地位卑贱而争斗不休，就会动用兵器，相互残杀。如果这三种行为不能去除，虽然天天用备有牛、羊、猪三牲的美味佳肴奉养双亲，那也不能算是行孝啊！”

【评析】

纪孝行，纪录孝行的内容，即孝子在侍奉双亲时应当做到的具体事项。此处强调孝子的道德与品行方面的表现，比吃饱吃好的“三牲之养”更为重要，反映了儒家对思想精神的重视。

国学故事

不为高官动

辛勉，字伯力，西晋陇西狄道（今甘肃临洮县）人，以“赴鼎镬其如归，履危亡而不顾”著称。

西晋怀帝时，辛勉累迁为侍中。当时匈奴贵族对西晋王朝展开了猛烈的进攻。永嘉五年（311）石勒消灭了东海王司马越率领的晋军主力于东郡境内。刘聪派呼延晏为前锋大都督大将军。进攻洛阳，连败晋军十二次，杀晋军三万余人。接着他与刘曜、王弥、石勒合军攻陷洛阳，杀晋朝王公百官士庶三万余人。洛阳失守时，晋怀帝想逃往长安，不幸被追兵俘获，他和羊后、传国六玺等被刘曜送至平阳（今山西临汾市）。

辛勉随怀帝到平阳后，刘聪想任命他为光禄大夫，他“固辞不受”。刘聪无奈，只好派黄门侍郎乔度带着毒酒去逼迫辛勉，辛勉顺从则已，抗旨不从就将被毒死。看了乔度带来的毒酒，辛勉放声大笑说：“大丈夫岂以数年之命而亏高节，下见武皇帝哉！”说完，拿起毒药就要喝（这句话体现出辛勉崇高的道德品质，即便以毒酒相逼也不为高官所动），乔度赶紧阻止辛勉，面带敬意地说：“主上只不过想试探试探您，您不愧为高士！”于是叹息而去。

刘聪对辛勉的节操非常钦佩，为了表示自己对辛勉的崇高敬意，刘聪特意在平阳西山为他修建房舍，每月给他送去酒和米，想以此感化他，辛勉却不为物质利诱迷惑，辞而不受。

先发制人

“致人而不致于人”的理论，可以应用在政治活动的一切方面。这个理论的实质是要掌握主动权的问题，而掌握主动权则是人们在政治活动中取得成功的重要条件。唐太宗李世民若不是在玄武门之变中掌握了主动权，就不能顺利击败自己的亲兄弟，更不能轻而易举地登上皇位（突出唐太宗英勇无畏的精神）。

玄武门是宫城的北门，地位重要，是中央禁卫部队屯守之所。武德九年六月三日，李世民秘密向父亲上奏说自己的哥哥即太子李建成和四弟李元吉“淫乱”后宫。李渊一听，不禁愕然，决定第二天问个清楚。李渊当然知道三个儿子之间早就不和，而且太子李建成与四弟李元吉结成同盟，实力远远超过李世民，所以六月四日这天他先是召集了大臣裴寂等商量此事，想然后再召三个儿子劝和。但他有所不知的是，这个时候实力较弱的李世民早已率长孙无忌、尉迟敬德等人伏兵于玄武门，准备放手一搏了。

后宫张婕妤探知李世民有所动作，立刻向李建成报告。李建成找来李元吉商量，想想自己也早已作好在京城的军事准备，自己的旧属常何守在玄武门，所以还是决定入宫上朝。当二人行至临湖殿时，发觉有点反常，刚想拨马东归，李世民随后呼喊，一箭射死李建成。尉迟敬德带领骑兵奔驰而来，射杀了元吉。东宫和元吉齐府的精兵发觉事情有变，结阵猛攻玄武门。玄武门的将领常何、敬君弘等早已为李世民收买，这时奋不顾身，率兵坚决抵抗（彰显出李世民的英勇果敢、机智英明）。不明就里的部分驻守玄武门的士兵则采取观望的态度，一时之间战斗不分胜负。

由于李世民一方人数较少，越战越不利，众将士惊恐万分。尉迟敬德灵机一动，提着元吉和建成的头出现在齐府和东宫将士前，众人一看自己的主人已经人头落地，便无斗志，纷纷溃散。当尉迟敬德杀气腾腾地向李渊报告为何在玄武门发生战斗时，李渊马上明白了整个局面，只能写下手敕，命令所有军队一律听秦王的处置。同时又派黄门侍郎裴矩到东宫晓谕诸将卒，事变很快平息了下来。三天后，李渊立李世民为皇太子，而且表示大小政事今后全听太子处理。过了几天，他又提出自己应加尊号为太上皇，表示自己想早点退位。两个月后，他下诏传位于太子，李世民正式即位。

对于李世民的"玄武门之变"，一些史家颇有微词，司马光以为，李世民应当后发制人，于道德情理上才能站得住脚，像他那种做法，给子孙后代开创了一个很不好的先例，是很不可取的（虽说李世民的行为在历史上颇有争议，但是他日后的行为，却为人民谋得了福利）。

政变的是与非，很多时候不能就事论事，这是历史发展中的必然结果，所有的是非对错，就让历史去评判吧！

诚者，成己成物

春秋时期，楚国有个大臣名叫石奢。一天，石奢奉命巡视全国。临行前，楚昭王对他说："这几年你忙于国事，没有回家乡省亲，这次你可以顺路回去看看。"

石奢听了楚昭王的话，心里自然是十分感激和兴奋。离开都城后石奢严格按照楚昭王的旨意，认真地巡视。巡视完毕后，石奢让随从们先回都城，自己则踏上了回乡的小路。

眼看就要到家了，忽然听到不远处的树林里传来吵架和呼救的声音。石奢便急忙奔了过去，他看到一个人正举着刀向另外一个人砍去。说时迟，那时快，石奢一个箭步冲上前去，紧紧地抓住了那个杀人的凶犯。可就在这个时候，他一下子惊呆了，那个手拿凶器要杀人的人不是别人，正是自己的父亲。石奢牢牢地抓住父亲的领口，非常气愤地说："父亲，您怎么能随便杀人呢？这可是犯死罪的啊（表现出石奢即生气又吃惊的心理）。"石奢的父亲一看是自己在朝中为官的儿子回来了，顿时松了口气，接着说道："这件事情只有天知、地知，你知，我知，只要你不对外人说，就不会有人知道。如果你还是我的儿子，那你就放我走。"

石奢的内心矛盾极了，正在他犹豫之时，稍不注意，他的父亲就趁机逃走了。此时的石奢再也没有刚才那种浓烈的思乡之情了，父亲的作为让他难以平静。他调转马头，日夜兼程的返回了都城，并把路上遇见自己父亲杀人和自己放走父亲的事情一五一十地禀告给楚昭王。他说："杀人的凶犯是我的父亲，如果我把他抓住并判他死刑，是违背孝道的，所以我不忍心这么做；但是我把父亲放走了。我就是纵容了杀人犯，这是有罪的。我作为大臣，知法犯法，是应该判处死刑的。请求大王将我处死吧（表现出了石奢为人处事的正直和孝顺的品质）。"

楚昭王是个十分爱惜人才的君主，他觉得石奢年轻有为，廉洁

公正，办事得力，实在是国家的栋梁。如今出了这样一件事，如果按照法律把石奢处死了，真是可惜啊。于是，他想了想说："在这件事情上，你并没有责任，因为并不是你故意放走杀人犯的，而是你父亲自己趁机逃走的。我看这件事情就不要再追究了，你就安心的料理政事吧。"可是，石奢却说："大王，您的恩典我非常感激。但是对我来说，不偏袒自己的父亲，就不是孝子；不按国家的法律办事，就不是忠臣。我做了孝子，却违背了国法。因此，即使大王赦免了我。我当臣子的也有责任维护国家法律的尊严。"说完，他就向楚昭王拜谢离开王宫，自刎而死。

阅读鉴赏

本章所讲的是孝子事亲的行为，将平常生活中的孝行都分别列出。身为子女的一定要孝敬自己的父母；官位较高的人也应当庄重对待部属，不可有傲慢自大之气。而为人部属的职员，则应该恭敬对待，不可有一点悖乱不法的行为。而在鄙俗的群众当中，也要和平相处，不可与他们争斗，如果身为官位的人骄傲自大，那么一定会招引来杀身之祸。而所谓的孝养父母，其实是在于保重自己的身体。在外不招祸患，才能很好地奉养父母。

知识拓展

丧　事

丧事就是人去世之后的一切后事，比如殓葬、哀悼等等。中华人民共和国成立前，丧事还比较封建化，比较烦琐，注重礼仪。它的过程就是：送终，即长辈在没有断气之前，晚辈要守在长辈身边，一直到咽气；更衣，死者在弥留之际，要把旧的衣服脱下来，更换上寿衣，用白线扎上腿，根数与卒年龄相等；报丧，人在死后要立刻派人去亲友家里送信。

五刑章第十一

子曰："五刑之属三千[①]，而罪莫大于不孝[②]。要君者无上[③]，非圣者无法[④]，非孝者无亲[⑤]。此大乱之道也[⑥]。"

【注释】

①五刑之属三千：指应当处以五种刑法的罪有三千条。《尚书·吕刑》说："墨罚之属千，劓罚之属千，剕罚之属五百，宫罚之属三百，大辟之属二百，五刑之属三千。"

②罪莫大于不孝：在应当处以五种刑法的三千条罪行中，最严重的罪行是不孝。

③要：以暴力要挟、威胁。无上：藐视君长，目无君长，即反对或侵凌君长。

④非：责难反对，不以为然。无法：藐视法纪，目无法纪，即反对或破坏法纪。

⑤无亲：藐视父母，目无父母，即对父母没有亲爱之心而为非作歹。

⑥此大乱之道也：孔传："此，'无上'、'无法'、'无亲'也，言其不耻、不仁、不畏、不谊（义），为大乱之本，不可不绝也。"

【译文】

孔子说："应当处以墨、劓、刖、宫、大辟五种刑法的罪有三千种，最严重的罪是不孝。以暴力威胁君王的人，叫做目无君王；非难、反对圣人的人，叫做目无法纪；非难、反对孝行的人，叫做目无父母。这三种人，是造成天下大乱的根源。”

【评析】

五刑，指墨、劓、剕、宫、大辟五种刑法，见《尚书·吕刑》。墨，在额上刺字后，涂上墨色的刑法；劓（yì），割掉鼻子的刑法；剕（fèi），砍断脚的刑法，也称为“刖”（yuè）；宫，男子割掉睾丸，女子破坏生殖器官的刑法（一说女子幽闭，囚于宫室）；大辟，死刑。

国学故事

探子的妙用

聪明的将帅不动用一兵一卒就可制服敌人。这就是《孙子兵法》所说的:“不战而屈人之兵。”

唐僖宗时，邛州牙将阡能反叛，侵扰蜀州。都招讨高仁厚领兵讨伐。出发的前一天，有个卖面的人来到军营中，巡逻士兵发现他形迹可疑，将他抓起来审问，发现果然是阡能的奸细。高仁厚命令给他松绑，亲自审问（从这个举动上可以看出高仁厚是一个聪明的将士）。那人回答说:“我是某村的百姓，阡能把我的父母妻子都关进监狱，威胁我说:‘你刺探到情报归来，情况属实，就赦免你全家，不然的话,将他们全都杀死。’并不是我想干这种事啊！”高仁厚说:“我相信你说的都是实话，我哪里忍心杀你。今天我放你走，救你的父母妻子。你只需告诉阡能说:‘高尚书明天发兵，他只带了五百兵士，没有多余的人。’但是，既然我保全了你全家人的性命，你应当帮我悄悄对寨子中的士兵说:‘尚书怜悯你们都是良民，被逆贼所挟制，是迫不得已。尚书想拯救你们。尚书来的时候，你们都扔掉兵器出来投降，尚书将派人在你们的背上写上‘归顺’二字，打发你们重操旧业。尚书所要诛杀的就是阡能、罗浑擎、句胡僧、罗夫子、韩求五人，必定不会对百姓横加杀戮。”那个探子说：“这都是百姓心里所想的事，尚书赦免了大家，哪一个不欢欣鼓舞，踊跃服从？”高仁厚就放他走了。

第二天，高仁厚发兵到双流，把截使白文现出来迎接，高仁厚环视四周，看到堑壕栅栏，大怒道：“阡能所役使的男子，大多都是种田的百姓，你竭尽一府的兵力，一年多了还无法擒获。今天看到这些堑壕栅栏，一重又一重，如此牢固严密，确实可以高枕无忧，饱食终日，养寇邀功啊！”当即命手下人将白文现推出去斩首。监军竭力求情才免于一死。高仁厚命令将所有堑壕填平，栅栏拆除，留五百个士兵守卫，其余的士兵全部跟随他去讨贼。随后又相继召集了几个寨子的兵力。

阡能听到高仁厚将到，派遣罗浑擎在双流西面设立了五个寨子，在野桥箐布下伏兵一千人，等候高仁厚的军队。

高仁厚刺探到这一情报，派人脱下军装潜入叛军之中，把昨天给那个探子讲的话传遍众士卒了，叛军士兵十分欢喜，又叫又闹，争相丢掉武器向高仁厚投降（突出高仁厚的才智）。高仁厚一一加以抚慰，把“归顺”二字写在他们背上，让他们回去告诉寨子中没有投降的人。寨子中其余的兵士争着出来投降。罗浑擎跃过堑壕狼狈逃跑，被众兵士抓住送交高仁厚，高仁厚给他戴了刑具，押往官府。命令将这五个寨子全部烧毁，只留下寨中的旗帜。

第三天早晨，高仁厚对那些归降者说：“起初我想马上送你们回家，但前面各寨的百姓，还不知道我的心思，我只好请你们为我跑一趟，你们经过穿口、新津的寨子，将你们背上的字给他们看，并将我的话转告他们。这样，一直到延贡，你们就可以回家了。”于是取来罗浑擎的旗帜倒挂着，每五十人为一队，授予一面旗帜，让他们走在前面，挥着旗子大声疾呼：“罗浑擎已经被活捉送到官府，大军就要到了，你们寨子中的人赶快像我们一样出来投降，马上就可以成为良民，没有任何事情了。”

到了穿口，句胡僧设立了十一个寨子，寨子中的人争着出来投降。句胡僧大惊，拔出剑来阻拦，众人投掷石头瓦块攻击他，一起将他擒拿住献给高仁厚。他的五千士卒全部投降（突出了众人对高仁厚的归附，以及高仁厚用聪明才智在众将中取得的地位）。

第四天早晨，又焚烧了寨子，派归降者举着倒挂的旗帜作先锋，到了新津。韩求设置了十三个寨子，所有士卒都出来迎接，全部投降。韩求自己跳进深堑摔死。众将士正想烧寨子，高仁厚制止道：“投降的士卒还未吃饭呢，先把粮食和财物运出来，然后再放火烧寨。”新降的人竞相生火煮饭，与先投降的士兵共同吃。笑语欢歌，彻夜不绝。

第五天，高仁厚让双流、穿口投降的士兵先回家，又让新津归降的人举着旗子作前锋，并且说：“到了邛州境内你们就可以解散回家了。”

在延贡，罗夫子设置了九个寨子，他的士卒们头天晚上就望见新津的火光，已经彻夜不眠等待投降了，等到新津那些劝降的人一到，罗夫子放弃了寨子奔阡能处而去。

第六天，罗夫子、阡能计划集中全部兵力决战。计划还未定，天色已近黄昏。延贡投降的士兵到了。阡能骑马巡视，想出兵，但众人都不响应。第六天，高仁厚的大军快要逼近，众士卒呼叫着，蜂拥而出，捉住阡能、罗夫子，哭泣着跪拜在高仁厚马前，全部归降。高仁厚出兵只有六天，五个叛贼全部扫平。

只用了敌人的一个探子，叛贼就争着投降了；只用了几队归降的士卒，二十四个寨子就望风披靡，全部扫平了（再一次突出高仁厚的聪明才智）。那些一定要以俘虏和首级来报功的人，究竟有什么值得夸耀呢？

孝心一片，不顾生死

杜审言，字必简，祖籍襄阳（今湖北襄樊），实为洛州巩县（今属河南）人。高宗咸亨元年进士。杜审言年轻时与李峤、崔融、苏味道一起被世人并称为“文章四友”。官隰城尉，累转洛阳丞。自恃才高，与同僚不睦，以傲世见嫉，无意中得罪了两个小人——州司马周季重、司户郭若讷。于是他们暗中捏造罪状陷害杜审言，罗织罪名，把他关进牢狱，判处死刑。这两人看到阴谋即将得逞，得意之下就摆起酒席庆祝。

杜审言的儿子杜并当时才13岁，就在袖子里暗藏利刃，在宴席上刺杀了周季重，杜并也当场被周季重的家将杀死。周季重临死时说：“杜审言有孝子，我不知道，郭若讷欺骗了我（杜并虽年龄尚小，却英勇无畏，这样的行为正是孝道孝义的传统美德）。”武则天听到杜并为父报仇的义烈事迹，十分惊叹，于是召见杜审言，授著作佐郎，迁员外郎。苏颋被杜并刚烈孝勇行为深深感伤，亲笔为他作墓志，刘允济也撰写祭文对他进行旌表致祭。

宁贬谪，亦不违仁

裴潾，唐代河东闻喜（今山西省闻喜县）人。笃学，善隶书。以荫仕。初为左补阙，后任为起居舍人，贬江陵令，累官兵部侍郎。

宪宗皇帝惑于方术之士的游说，让柳泌炼治丹药，以求长寿。他进献给皇上所用的方剂是温中理气的药物，导致出现心绪烦躁口渴的症状。裴潾进谏说：“消除天下弊害的人，就能永远享受到天下的利益。愿与天下人共乐的人，就能长久享受到天下安乐的福祉。因此，上自黄帝、颛顼、尧、舜、禹、汤、文、武，全都以自己的盖世功勋德泽，拯救天下苍生，因而上天就回报他们享有长寿之福，并且使他们的声名永远流传不朽。陛下倡导以孝道敬祭宗庙，以仁德抚养百姓，除凶平暴，而致太平，敬贤重士，礼遇终始。神圣的功烈和至圣的美德，前无古人（对宪宗皇帝以夸奖的方式赞说，也是希望宪宗皇帝可以成为这样的皇帝）。陛下诚能躬行不辍，那么天地祖宗都会庇佑您，使陛下受到亿万百姓永远的拥戴。而今方术之士如韦山甫、柳泌之流借丹术自命为神奇，并相互吹捧引荐，诡称为陛下延长寿命。我认为凡是真正有道行的人，都隐姓埋名，不求为世所知，哪里肯主动巴结权贵，出卖自己的技艺呢？现在这些人之所以围在你身边，并非胸有道术，而是为了谋求利益。他们自我吹捧所炼丹药具有神奇效验，其目的就是贪求权力、财贿。一旦骗局败露，则立即逃跑。这种人的医术，陛下难道能相信吗？这种人炼制的药物，陛下难道可以服用吗？况且他们炼制的所谓丹药，多由性质酷烈的金石等物，经过长时间的烧炼而成，所含的致毒成分谁也不清楚有多少，所引发的后遗症并不是容易控制化解的。秦汉之君也都相信方术之人，如卢生、徐福、栾大、李少君之流，都是行诈使骗之徒，什么事也干不成的。其事记载在史书中，可做佐证。《礼仪》中规定：'君之药，臣先尝之；父之药，子先尝之。'因此，陛下今后要服用的药，就让大臣先尝试，以一年时间为限，就可见出真假。"

皇上听了，十分生气，就把裴潾贬为江陵县令（体现出了皇上的昏庸）。

为国理财

程琳，字天球。北宋中山博野（今河北蠡县）人。仁宗时任参知政事、拜大学士、同中书门下平章事、判大名府。谥文简。程琳为人敏锐严厉，为政持重不扰。

延州府东北群山绵延，无法建立城郭，因而外族的骑兵很容易侵扰流窜。知州程琳曾经捕获西夏的军事首领，只是对其训诫后放其回国，由此，西夏也声称不再捕虏汉人。后来，西夏设计侵扰，先让五百户西夏人驱赶着牛羊，请求边关守将放行来投降，并说："契丹的军队已经到了附近，国内大乱，自愿来归降。”程琳说：“这是诈降之计。如果契丹的军队侵入，应当举国御敌，怎么能允许他们来投降？最近刚听说西夏正在捕捉叛逃的，就是这些人吧？否则，就是用来诱我上当的（表现出程琳英明严谨的态度）。”拒不接纳。过了不久，果然有三万西夏骑兵逼临边境，声称要追捕叛降者。程琳命令全力戒备，不要轻举妄动，只是关闭城垒，静观其变。西夏军怀疑宋军已经有所戒备，只好撤回。

程琳改任三司使，上任后对官府仓库中的物品管理得特别严，对于收入、支出的审核格外慎重。凡是宫中取用物品，稍有不符合手续之处，就坚决不予承办；有些手续虽然完备，但是并非急需的，仍然上奏皇上，然后决定是否支出。因此宫中宦官都说程琳专横不讲理。程琳听到以后说：“三司府库中的财赋不是哪个人所私有，而是属于整个国家的，为朝廷所有。我为皇上珍惜这些钱物，与我个人有什么关系呢？”

涌泉跃鲤

汉代有个名叫姜诗的人，对母亲很孝顺，他的妻子庞氏对婆婆也尽力侍奉。

姜母喜欢喝江水，江边离姜家有六、七里路远，庞氏不畏路途遥远，常去江边挑水给姜母喝（体现出了庞氏的孝顺）。

一次，庞氏去挑水时，突然遇到狂风，回家晚了些，姜母在家感到口渴难耐。

姜诗等庞氏回来后，不仅数落了庞氏一顿，还把她赶出了家门。

庞氏只得寄宿在邻居家，日夜纺纱织布，把换来的钱买了吃的东西，托邻居老母捎给婆婆。

姜母见邻居老母常送东西给她，觉得很奇怪，一问，才知是儿媳送的，她感到很惭愧，就又把庞氏接回家（体现出姜母的愧疚之情）。

庞氏的儿子大了，也很懂得孝顺长辈，经常替母亲去江边挑水，一次不小心，失足掉进江里淹死了。

庞氏非常悲痛，她怕婆婆知道了也要伤心，就一直瞒着，每当姜母问起孙子时，庞氏总说去上学了。

后来，姜母又爱吃鱼，姜诗夫妇辛勤劳动买鱼给姜母吃，可姜母不愿一人吃，于是姜诗请了邻居老母来作陪。

一天，姜诗住的屋旁，忽然从地下冒出一股清泉，泉水的滋味和江水完全一样。

奇怪的是，每天清晨，泉水中还会跳出两条鲤鱼来，正好供姜母和邻居老母食用。原来，姜诗夫妇的孝心感动了上天。

据说，曾经有强盗经过姜氏所住的村庄，他们丝毫不取，他们称："惊大孝，必定会触动鬼神。"

人性的弱点

战国时代，齐国有一个叫田婴的贵族，受到了齐王的重用，齐王将薛地封给了他，于是人称田婴为靖郭君。靖郭君这个家伙非常狡猾，他对齐王说："大王，您身为一国之君，应该关心国家大事，所以大夫有关国事的报告，您都要每天听取并反复审核。"齐王道："那当然。"于是就照靖郭君的话每天听大量的国家政务报告，靖郭君故意将报告中的事无巨细全部摆上齐王的案头，看得齐王两眼发黑，终于受不了了，一甩袖子躲起来了，让靖郭君替他去看报告，于是齐国的政务权力就全落到了靖郭君的手中（体现出了靖郭君的狡猾）。

靖郭君这家伙不仅心眼多，儿子也多，他有四十多个儿子。其中最小的儿子叫田文，是他身边地位最卑微的一个小妾生下的，虽然田文在家中的地位不高，可是他风流通达，富有智谋，他向靖郭君提出建议，建议广散钱财，蓄养心腹之士。可是靖郭君忙着替齐王发号施令，就把这事交给田文去办。于是田文有样学样，替代靖

郭君在家中主持家政，接待四方宾客。宾客们受了田文的礼遇，当然要投桃报李，就纷纷在靖郭君面前称赞田文，建议让这个最小的儿子做继承人。

就是这样，靖郭君在朝中夺了齐王的权，而他的儿子田文却在家中夺了他的权。田文拿着靖郭君从国库里弄出来的钱，四处招揽人才，收留各国的游士和负罪在逃的罪犯，并为这些门客添置家产，给予丰厚的待遇，还救济他们的亲戚，终于形成了一股不可小视的势力（体现出田文的才华和聪明的头脑）。等到靖郭君死后，田文在众多的宾客支持之下，名正言顺地将四十多个哥哥轰到一边去，接了靖郭君的班做了薛公，号为孟尝君。

孟尝君收养的食客多达几千人，而且这些人都各自认为孟尝君亲近自己，因此孟尝君的名声传遍了天下，于是齐王就派他出使楚国。

楚王也非常欣赏孟尝君的才智，为了表示友善，送给他一张象牙床。孟尝君非常喜欢这件礼物，就吩咐身边一个叫登徒直的人先把象牙床替他送回国。可是登徒直却不愿意承担这件差事，就去找孟尝君手下的一个叫公孙戌的门客，对他说："这张象牙床价值千金，如果我在运送的路上有一丝一毫的损失，我就是倾家荡产卖儿卖女也赔不起。公孙先生，你就帮帮忙吧，如果你能够让我躲过这趟差使，我家中有一把祖传的宝剑，愿意送给先生作为酬谢。"

公孙戌见利心动，一听有宝剑相送，就答应帮忙。然后他就去见孟尝君，施展三寸不烂之舌说道："孟尝君先生，目前国际形势是这个样子的，几乎所有的小国家都想请你去他们那里做国相，为什么呢？这是因为你能够扶助那些弱小贫穷的国家，能够让那些灭亡的国家复存，使后嗣断绝者延续，大家都非常佩服你的仁义，仰慕你的廉洁。可是孟尝君先生，你现在刚刚到了楚国，就接受了象牙床这么昂贵的礼物，这让那些你还没去的国家又拿什么来接待你呢？如果那些小国家拿不出比象牙床更贵重的礼物接待你，那么他们就不敢请你去，这样发展下去的结果，是你和他们同时失去了机会啊（体现出公孙戌的聪明机智)。”

孟尝君听了后，不禁点头道：“公孙先生说得有道理，我马上将这件昂贵的礼物退还给楚王。”

于是公孙戌趁机告辞，并快步离开，可是他还没有走出小宫门，就又被孟尝君叫了回来，并问他：“公孙先生，你的表现为什么这么亢奋，趾高气扬，神采飞扬呢？”

“这个……”公孙戌顿时头上冒出冷汗，不敢再隐瞒下去，就老老实实的把收了登徒直宝剑的事情说了出来。

孟尝君听了之后，并没有因此而发怒惩罚登徒直和公孙戌，而是立即命人在门上贴出一张告示。告示上写道：

“无论任何人，只要能够弘扬我田文的名声，劝止我田文的过失，那么，即使你私下里收了别人馈赠，也没关系，请赶快来向我田文提出意见(体现出了田文的智慧和心胸)。”

孟尝君作为战国时期的一代英豪，其中对人性的洞察与了解，远非普通人所能相比。他非常清楚，公孙戌为了自己的私利而游说他，正是人性最典型的表现，而他非但不动怒，反而顺水推舟接受这一现实，这恰恰也是人性的表现。

阅读鉴赏

本章说明了不孝其实就是犯罪，是不可饶恕的大罪。虽然五刑的罪有很多，但是什么都没有不孝的罪重大，而违反孝行则应当受到法律的制裁，使人产生警惕，不敢再犯法。这里所说的五刑之罪，莫过于不孝，就是讲明刑法的森严可怕，引导世人走上孝道的途径，因此人人都应该尽心行孝。

知识拓展

藐 视

藐视就是轻视或者看不起某种事物。也就是说某种事物没有价值，很卑微渺小，令人感到厌恶。会让人对它产生轻视，不由自主地对它进行嘲笑。毛泽东曾经说过这样的一句关于藐视的名言：“战略上藐视敌人，战术上重视敌人。”

广要道章第十二

子曰："教民亲爱，莫善于孝①。教民礼顺，莫善于悌②。移风易俗③，莫善于乐④。安上治民，莫善于礼⑤。礼者，敬而已矣。故敬其父，则子悦；敬其兄，则弟悦；敬其君，则臣悦；敬一人⑥，而千万人⑦悦。所敬者寡，而悦者众。此之谓要道矣。"

【注释】

①"教民亲爱"二句：孔子认为，孝道就是热爱自己的双亲，由此进而推及热爱别人的双亲，人民之间就能亲爱和睦。

②"教民礼顺"二句：悌，就是敬重并服从自己的兄长，由此进而推及敬重并服从所有的长上，人民之间就能有礼、讲理。

③移风易俗：改变旧的、不良的风俗习惯，树立新的、合乎礼教的风俗习惯。

④莫善于乐：儒家学者认为，音乐生于人情人性，通于伦理道德，因此，君王可以利用音乐，转移风气，引导人民接受新的风俗习惯。

⑤莫善于礼：儒家学者认为，礼的作用是"正君臣父子之别，明男女长幼之序"，即维护社会固有的秩序和等级制度。

⑥一人：指父、兄、君，即受敬之人。

⑦千万人：指子、弟、臣。千万，只是举其大数。

【译文】

孔子说："教育人民相亲相爱，再没有比孝道更好的了；教育人民讲礼貌、知顺从，再没有比悌道更好的了；要改变旧习俗，树立新风尚，再没有比音乐更好的了；使国家安定，人民驯服，再没有比礼教更好的了。所谓礼教，归根结底就是一个‘敬’字而已。因此，尊敬他的父亲，儿子就会高兴；尊敬他的哥哥，弟弟就会高兴；尊敬他的君王，臣子就会高兴。尊敬一个人，而千千万万的人感到高兴。所尊敬的虽然只是少数人，而感到高兴的却是许许多多的人。这就是把推行孝道称为‘要道’的理由啊！"

【评析】

广要道，推广、阐发“要道”二字的义理，即进一步讲述为什么说“孝道”是至为重要的道德。这是儒家强调礼乐与孝道的教化作用的一贯思想。《孔传》说：“孝行者而爱人之心存焉，故欲民之相亲爱，则无善于先教之以孝也。”

国学故事

孔子教曾参

曾参在地里锄草，不小心挖断了一根瓜苗，其父曾皙大怒，举起一条大木杖就打曾参。曾参被木杖击中，扑倒在地上，很久才苏醒过来（曾参并没有还手和躲开，从另一个角度来看也体现出了曾参的孝顺），他对曾皙说：“刚才得罪了父亲。父亲用力来教训我。您劳累没有？”曾参又退到另一间房里，操琴弄弦唱起歌来，让曾皙在歌声琴音中消平怒气。孔子听到了这件事情，就吩咐弟子将曾参找来。曾参来到孔子身边。孔子说：“你听说瞽叟有个儿子叫舜吗？舜对父母恭敬孝顺，每每总是在瞽叟身边服侍。瞽叟听了后妻的谗言要杀舜，舜总是躲开了。瞽叟用小木杖打时，舜就不避开；而用大木杖时，舜就避开。今天你却不躲开你父亲的暴怒举动，万一被你父亲打死了，岂不是反陷你父亲于不义。这难道是孝顺吗？”

魏文侯宽以待士

魏文侯宴请朝中大臣，并要公卿大夫评议自己。有的讲文侯有仁心，有的讲文侯有义气，也有的讲文侯睿智明达。轮到魏文侯的一个宾客任座评议了，任座说："大王是个不肖的君主，当年你攻取中山国，论功首在大王的弟弟，论义也在大王的弟弟，但是大王却将其封给自己的儿子。就此事而言，可知君主的不肖。"

任座言毕，举座皆惊，魏文侯瞬间变了脸色。任座不顾魏文侯如何，匆匆离席而出。

接任座评议之后的是翟黄，翟黄说："我看我们的君主是个贤明的君主。我曾听说，君主豁达贤明，他的大臣敢于或能够直言相谏。刚才任座讲的是直言，且敢于直言，就此而言，足见君主的贤明（表现出翟黄机敏的才智）。"

文侯猛然省悟，忙问翟黄："任卿可以追回来吗？"

翟黄说："有什么不可？忠臣一以贯之地保持忠心，不会冒死进言躲避远处。任座不会出宫，恐怕就在厅外。"

翟黄出厅，果见任座站在台阶上。翟黄以魏文侯名义召他回厅，任座从之，文侯亲自迎他上坐，并且宣布任座为自己终生的上宾（魏文侯之举表现出他大气和宽广的胸襟）。

遵循事理，就没有什么心事需要隐瞒的。隐瞒心事是一种自私诡诈的行为。心事往往成为一个人某种行为的动机。从养生的角度来说，昭明心事，是规范自己行为的必要条件，让别人了解你的心事,你就可以得到别人的建议。在我看来,怎么想的就怎么昭彰于外，正是养生者应该做的。

魏文侯因任座指出其不肖的行为，而幡然领悟了治国的道理，给人们以深刻的启迪。

亲亲为大

老莱子是春秋时期楚国人，道家的代表人物。

老莱子一生未做官，家境贫苦，生活艰难。他同妻子每天日出而作，日落而息，靠耕种过活。当时，诸侯争霸，战争频仍，为避兵荒马乱之苦，他与妻子扶二老逃奔到蒙山南麓而居，开荒种地（体现出老莱子的清廉和勤劳）。他凭着一颗孝心和一双手，砍些树木树枝，割些芦苇山草，搭起两间小屋。为父母做了床，编了张席子，尽力让父母亲舒适些。他和妻子精打细算，省吃俭用，把米面留给父母吃。他和妻子经常吃野菜充饥。

当老莱子七旬时，他的父母还健在，只是行动不便了。老莱子凭着一腔赤诚和一片孝心对父母体贴入微，好让二老颐养晚年。他认为儿子在父母跟前永远是孩子。为了让父母生活得快乐，他想方设法引逗二老发笑，唤起老人对往事的回忆。

一次，他脸上涂些油彩，穿着件五颜六色的花衣服，像小孩子一样在地上爬，翻跟头，学狗叫，直到把父母逗笑了为止（体现出老莱子的孝心）。

又有一次，他弄了个鼓，边敲边唱。唱词是父母曾经给自己讲的那些故事，如大禹治水，武王伐纣等。他用怪腔怪调演唱，怎样能使父母高兴就怎么唱！

还有一次，他挑水进屋，故意跌倒，躺在地上学婴儿啼哭，他父母起身去扶他。他一下子跳起来说：“我跟二老闹着玩呢。”父母乐得捧腹大笑说：“你这孩子，越老越顽皮。”

老莱子避世躬耕，孝敬父母的事，远近传播，天下闻名。孔子对此曾感慨道：“对于父母双亲来说，儿子年迈并不算老；而让父母双亲伤心，才算真正的老。像老莱子，这可以说是不失孺子之心啊！

阅读鉴赏

本章所讲的是“要道”，并对这二字进行具体说明，在开头，孔子已经阐述了“要道”的意义，如果可以推广先王的要道，也就是孝道，那么人民一定会相亲相爱，自然天下也就和乐。通过国学故事来体现出孝道的真理，让我们能够更好地发扬中华民族传统的“孝”精神。

知识拓展

风　　俗

风俗是地区之内的民俗文化，是一种历代相传的行为规范。所谓“百里不同风，千里不同俗”很恰当地反映出风俗因为地域区别的特点。风俗其实也是一种社会传统。这当中包含着时下最为流行的风尚和长久的变迁，和原来风俗不适宜的部分都会随着历史的变化而不断地发生变化，即移风易俗。

广至德章第十三

子曰："君子之教以孝也，非家至而日见之[①]也。教以孝，所以敬天下之为人父者也[②]。教以悌，所以敬天下之为人兄者也。教以臣，所以敬天下之为人君者也[③]。《诗》云：'恺悌君子，民之父母[④]。'非至德，其孰[⑤]能顺民，如此其大者乎[⑥]！"

【注释】

①家至：到家，即挨家挨户地走到。日见之：天天见面，指当面教人行孝。郑注："非门到户至而见之。"

②"教以孝"二句：君子以身作则行孝悌之道，为天下做人子的做了表率，使他们都知道敬重父兄。孔传："古之帝王，父事三老，兄事五更，君事皇尸，所以示子、弟、臣人之道也。""三老"、"五更"，是由德高望重的老人所担任的顾问职务，天子要以敬父之礼敬"三老"，以事兄之礼事"五更"，为天下做出孝悌的典范。

③"教以臣"二句：孔传说是天子在祭祀时，对"皇尸"行臣子之礼。皇，即先王。尸，是祭祀时由活人扮饰的受祭的对象。天子通过祭祀行礼，做出尊敬君长、当好人臣的榜样。

④"恺悌"二句：语出《诗经·大雅·泂酌》。据说原诗是西周召康公为劝勉成王而作。恺悌，和乐安详，平易近人。

⑤孰：谁。

⑥如此其大者乎：本章在引《诗》句后，又有一句概括性的结语，刘炫《孝经·述议》说："余章引《诗》，《诗》居章末，此

于《诗》下复有此经者，《诗》美民之父母，以证君之能教耳，不得证至德之大。故进《诗》于上，别起叹辞，所以异于余章也。”

【译文】

孔子说：“君子以孝道教化人民，并不是要挨家挨户都走到，天天当面去教人行孝。以孝道教育人民，使得天下做父亲的都能受到尊敬；以悌道教育人民，使得天下做兄长的都能受到尊敬；以臣道教育人民，使得天下做君王的都能受到尊敬。《诗经》里说：‘和乐平易的君子，是人民的父母。’如果没有至高无上的道德，有谁能够教化人民，使得人民顺从归化，创造这样伟大的事业啊！”

【评析】

本章推广、阐发“至德”二字的义理，即进一步讲述为什么说“孝道”是至为高尚的道德的理由，讲君王能够以身作则行孝道，为天下人做表率，从而使天下为人子、人臣者知道孝悌父兄、尊敬君王。

国学故事

李贤“五德”全具备

明英宗天顺年间，李贤为首席大臣。他推荐过很多有所作为的名臣。其中，他对自己推荐过的吏部尚书王翺评价特别高。他说：“皋说的九种德行，王公已具备了五种：乱而敬，扰而毅，简而廉，刚而塞，强而义。真是不容易呀。”

王翺，字九皋。河北盐山人。在京城考试时，正好赶上永乐皇帝要选用北方文人。而他正是北方人，且两次考试成绩优秀，因此大得皇上欢心，特地召他赐食，改庶吉士，授大理寺左寺正、左迁行人。宣德元年，由于大臣杨士奇的推荐升为御史。

他上任的第一件事就把矛头对着贪赃枉法的官吏。当时有一条规矩，官吏如果犯了罪，不管轻重都准许运砖赎还职务。王翱提出，凡是贪赃的官吏只允许他运砖赎罪，但不得恢复官职（体现王翱刚正不阿、痛恨贪赃枉法的心态），以示惩罚。皇帝采纳了他的建议。这就使得那些贪官不大容易再靠着官职大搞贪污活动了。

英宗即位后，把王翱提升为右佥都御史，并派他与都督武兴一起去镇守江西。他在那时，严惩贪官污吏、抑制奸猾刁民，得到老百姓的爱戴。正统七年，他被派到辽东提督军务。他立即对纪律松弛的部队严加整顿，并且亲自巡查边境、修理城墙、疏浚沟堑，以五里为堡，十里为屯，使之烽燧相接；另外又采取了其他一些措施，使得边境的部队费用充足，百姓的安全也得到保证，军民都非常高兴。第二年，他被任命为右副都御史。回朝时，有一个宫中的太监对他很欣赏，一定要送给他几颗明珠。王翱再三推辞，那太监最后急得说道："这是先朝皇上赐给我的，您不是把它当作赃物才拒绝我的吧！"王翱没有办法只好收下，但把它们收藏得好好的，从不去动用。几年后太监死了，王翱把太监的侄子叫来将明珠还给了他（表现出王翱清廉正派的作风）。

景泰四年，他当上了吏部尚书，吸取了王直、何文渊掌权时以权谋私被言官弹劾去职的教训，开始是萧规曹随，一仍旧章。天顺初年，王直退休，他得到李贤的推荐。他有一个孙子，因为他的缘故被特许进入太学，他却坚持不让孙子参加科举考试，说是"不要挡了贫苦书生的仕途之路。"他的女婿贾杰在京郊做官，他夫人常常去接女儿回家住。有一次，贾杰对夫人抱怨说："你父亲掌管官吏的升降迁调，他要将我调到京城去做官真是易如反掌，为什么你这样跑来跑去不嫌烦呢！"他夫人听了女婿的话。就找机会对他说："你就不能帮女婿调个职务，好让我们常与女儿团圆吗？"谁知王翱听了勃然大怒，把桌子一推，起身就走，嘴里说道："有关系的都调到京城来，地方上的官让谁去做！”他夫人不提防，被桌子角划破了脸（再次体现出他为官刚正不阿的作风）。尽管他觉得对不起夫人，但最终贾杰还是没有调成。

不过。他的性子有些偏执，有些事未免做得过分了一点。譬如，有一次皇帝曾下令地方推举贤良方正。经明行修及山林隐逸之士，来的人先到吏部考试，王翱挑剔得很厉害，往往百人中不过挑上一二人，其余尽皆黜落。又如，他生来不喜欢南方人。有一次，英宗说：“北方人文雅不及南方人，但性情直爽、身材高大，紧急情况下能派上用处。”从此，他在挑选官员时更加多用北方人。后来，他被人弹劾，不得不服罪，恐怕与此也有关系。

天顺年间，王翱已经快八十岁了，仍很得英宗的宠信，经常被英宗在便殿召见。皇帝不称他的名字而称“先生”。王翱因为年纪大记性不好，有时皇帝召见时，他就让侍郎谈伦作随员一起去（虽然王翱年岁已高，但是依然能体现出他对事情、对人认真的态度）。皇帝问他为什么这样做，他叩头答道：“我老了，所听到的皇上的圣谕恐怕有差错。让这个侍郎代我记下来。他是个老实人，很可信用呢。”皇帝听了也很高兴。有一次，吏部主事曹洵已升为江西参议，因为有病回来，王翱报告给皇上听时，大约忘了他已升职，结果病好之后，仍只以主事的级别让他回去。曹洵很气愤，就在王翱上朝的路上一把将他抓住，狠狠掴了他一个耳光并且放声大骂。这事被皇上知道了。立刻将曹洵下诏狱。王翱知道这个情况后，立即赶到皇帝那里说明情况，将曹洵放了。通过这件事，人们都说他气量很大，甚是佩服。

成化三年，王翱八十四岁时，在退休离都时病逝，赠太保，谥忠肃。

伍子胥奔吴

伍子胥因父亲伍奢被楚平王杀害的株连，仓促从楚国出逃。这天他摆脱荆楚的追捕，登上太行山面向郑国领地感叹：

“郑国地势险要，百姓也有见识，可惜君主是个平庸的人，不足以同他共谋大业。”

伍子胥不见其君便朝许国而去。

许国是个弱小的诸侯，伍子胥见到君主许公，向他讨教何去何从。许公畏惧邻近的楚国，闭口不置可否，只是离座朝东南方向吐了一口唾沫。伍子胥会意，拜道：“谢君主指点（可以看出伍子胥有着非常人所有的聪明智慧）。”随后，他告别许公投奔东南吴国的阖闾。

伍子胥出许，到了长江的岸边被阻，这时正见一个艄公撑船而来，准备撒网捕鱼。伍子胥请求老人渡他过江。老人打量他一番以后，便摇船将他送到对岸。伍子胥感激地问老人的姓名，老人不肯留名。伍子胥解下随身的佩剑呈给老人，并说道：“这是一柄价值千金的宝剑，献给您老以资答谢吧！”

老人拒绝说：“按照荆楚的悬赏规定，凡能抓获伍子胥者，除赐公卿爵位。执白圭朝见君主和享受万户的俸禄之外，还得万两黄金的奖赏。从前伍奢由此经过，我都没有拿他邀功晋爵。现在你给我千金宝剑又有什么用处呢？”

伍子胥闻言，伏地施以大礼。一拜再拜别去。

伍子胥到吴，他辅佐阖闾谋取王位，以计谋除了王僚，日益显贵。但他时时没有忘记渡江的老人，常常差人到江边寻找，却始终没找到老人。因对老人深深的怀念和敬仰，他每次吃饭都要祷告，祈念这位可敬可爱的江上渔夫（彰显出了伍子胥“吃水不忘挖井人”的精神）。

知道自己该怎么去生活的人，他便可以得到别人没有的、最宝贵的东西。

仁德是传家宝

范仲淹（989—1052），字希文，和包拯同朝，吴县（今属江苏）人。他做秀才时，心中就挂念着救济众人，后来做了宰相，便把俸禄全部拿出来购置义田，赡养一族的贫寒。先买了苏州的南园作为自己的住宅；后来听见玄学家说："此屋环境优雅，后代会出公卿。"他想，这屋子既然会兴发显贵，不如当作学堂，使苏州人的子弟，在此中受教育，那么多数人都兴发显贵，就更好了；所以就立刻将房子捐出来，作为学宫（表现出范仲淹时刻都不忘记救济众人的作风）。

他一心想有利于民众，不愿自己一家独得好处。结果，自己的四个儿子，做了宰相公卿侍郎，而且个个都是道德崇高。他的儿子曾经请他在京购买花园宅第一所，以便退休养老时娱乐，他却说："京中各大官家中的园林甚多，而园主人自己又不能时常的游园，那么谁还会不准我游呢！何必自己要有花园，才能享乐呢？"

范仲淹的几个儿子，平日在家，都是穿着布衣素服。范公出将入相几十年，所得的俸禄，也都作了布施救济之用；所以家用极为节俭，死的时候，连丧葬费都不够（进一步表现范仲淹的节俭）。照普通人的心理，以为这样，太不替子孙打算了，谁知道这才是替子孙打算最好的法子。不单是四个儿子都做了公卿，而且能继承他父亲的传统，舍财救济众人。

所以，范家已经传了数十代的子孙，直到现在有一千多年了。苏州的范坟一带，仍然有很多范氏的后人，并且还时常有优秀的人才出现。世人若是想替子孙打算，想留饭给子孙吃，按照范文正公的存心行事，将会是最好的方法。

精诚所至，金石为开

吴明彻，字通昭，秦郡（今江苏六合区北）人，幼孤，性至孝。梁武帝即位，授安南将军。以军功迁江州刺史，领豫章太守，迁吴兴太守，进封南平郡公，位至司空。

吴明彻幼年父母双亡，成了孤儿，但他天性至孝，缅怀深笃。年仅 14 岁，就常常感念双亲的坟茔未能得到修葺而内疚，然而由于家里贫穷，无力办理。于是，他下决心勤力耕种，寄希望于土地的收获，使他达成心愿（体现出他勤劳和孝顺的品质）。但是正值天气大旱，庄稼得不到雨露的滋养，被晒得焦枯，他感到绝望。吴明彻内心伤痛，深感天道不平，每天都去到田里看护着庄稼苗，向天倾诉心中的苦衷与不平。几天后，有人从田里回来说“庄稼苗返青复活了”。吴明彻不相信，以为是那人有意安慰他，半信半疑中，来到田地里，看到禾苗果然绿意葱茏，心里感到欣喜不已。从此更加勤恳地劳作。秋天到来，获得大丰收，他用自己的劳动所得修缮了父母的坟墓，达成了自己的心愿。

仁者无敌

羊祜（221—278），字叔子，泰山南城（今山东省费县）人。出身于名门士族之家。祖父羊续汉末曾任南阳太守，父亲羊衜在曹魏时期任上党太守，母亲蔡氏是汉代名儒、左中郎将蔡邕的女儿。羊祜 12 岁时父亲弃世，孝行哀思超过常礼。长大后，博学多才，长于论辩，在当时很有盛名。为官后，羊祜持身正直，从不拉拢攀附，也不搞亲疏，因此，有识之士对他特别敬重。任相国从事中郎，加散骑常侍、卫将军、迁尚书左仆射，都督荆州诸军事。

羊祜任平南将军时，借鉴春秋时孟献子经营武牢而郑人畏惧，晏弱筑城东阳而莱子降服的历史经验，采取军事蚕食和增修德信以怀柔民众相结合的策略。首先，羊祜挥兵占据了荆州以东的五大战略要地，建立城池，驻军固防，威胁吴国。每次交战，总是事先约定时间，不使用突然掩袭的诡谋奇计。有部下俘虏了吴军两位将领的孩子。羊祜立即命令将孩子送回。后来，吴将夏详、邵用及那两位少年的父亲也率部属一起来前来归降（体现出羊祜作风行为正直的表现）。吴将陈尚、潘景进犯，兵败被杀，但羊祜褒嘉他们的节操，厚礼殡殓。两家子弟前来迎丧，羊祜以礼送还。羊祜的军队收割吴国田里的稻谷以充军粮,每次都如数偿付相应的丝绢。因此,吴国百姓心悦诚服。平时尊称他“羊公”,而不称他的名字。

羊祜与陆抗两军相持,使者往来,陆抗佩服羊祜的品德,认为即使乐毅、诸葛孔明也不过如此。陆抗生病,羊祜给他送去药物,陆抗坦然服用,不存一点疑心。左右人员劝陆抗不要吃,陆抗说:“羊公难道是用毒药杀人的人吗?”当时人们都以为是华元、子反再生。

吴主孙皓听到边境的情况后,派人责问。陆抗说:“一乡一邑,都不可没有信义,何况是大国呢!如果我不这样做,反而是彰显了他的品德啊,对于羊祜能有什么损害呢?”

阅读鉴赏

本章推广和阐发了“至德”二字的义理,更进一步地讲述了为什么说“孝道”是极为高尚的道德理由,说君王能够以身作则行孝道,能够为天下做出表率,从而可以使天下为人子和人臣者都知道孝悌父兄、尊敬君王。本章将至德的意义扼要的提出来,使得执政的人都知道至德是如何实行的。

知识拓展

三　老

三老指的是县级的下一层官员,类似于乡长。作为有头有脸的基层干部,三老绝对少不了查证调停民事纠纷,也算是负责教化,但是主要工作还是收税。当时农民田里所打的粮食,有十分之一都上缴给国家,农民的宅居地归个人所有,但是要上缴户税,户税的主要作用是养兵。

广扬名章第十四

子曰:"君子之事亲孝，故忠可移于君①;事兄悌，故顺可移于长②;居家理，故治可移于官③。是以行成于内④，而名立于后世⑤矣。"

【注释】

①"君子"二句：这是儒家学者"移孝作忠"的理论。孔传："能孝于亲，则必能忠于君矣。求忠臣必于孝子之门也。"黄道周《孝经集传》说："所谓治国在齐其家者，其家不可教而能教人者无之，故君子不出家而成教于国。"

②"事兄"二句：孔传："善事其兄，则必能顺于长也。忠出于孝，顺出于弟。"

③"居家"二句：指家务、家政管理得好，就能把管理家政的经验移于做官，管理好国政。孔传："君子之于人……内察其治家，所以知其治官。"

④行：指孝、悌、善于理家三种优良的品行。内：家内。

⑤名立于后世：由于在家内养成了美好的品德，在外必能成为忠臣，成为驯顺可靠的部下，成为善于治理一方的行政官员，因而，就能扬名于后世。立，树立。这里指名声长远地流传。

【译文】

孔子说："君子奉事父母能尽孝道，因此能够将对父母的孝心，移作奉事君王的忠心；奉事兄长知道服从，因此能够将对兄长的服从，移作奉事官长的顺从；管理家政有条有理，因此能够把理家的经验移于做官，用于办理公务。所以，在家中养成了美好的品行道德，在外也必然会有美好的名声，美好的名声将流传百世。”

【评析】

广扬名，推广、阐发首章“立身行道，扬名后世”所说的“扬名”的义理，即进一步讲述行孝和扬名的关系，强调“移孝作忠”的理论。孔传曾说：“能孝于亲，则必能忠于君矣。求忠臣必于孝子之门也。”儒家认为，“扬名后世”是“孝”的更高级的标准，它只能与忠君紧密联系才可能实现。

国学故事

刚正法官徐有功

徐有功是唐代武则天执政时期非常知名的法官，在他早年任蒲州司马参军时，就已经以其执法刚正严明、大公无私而为世人所共知。后来，在他任司马丞后，徐有功更是维护正义、依法办案，为冤假错案平反，在宫廷辩论是非曲直，冒死抗争，从而赢得了人们的钦佩和赞扬。

武则天在称帝后，为了巩固其政权，以严刑峻法进行恐怖统治，任用了大批的像来俊臣、周兴、皇甫文备等这样的严官酷吏，任意罗织罪名，大肆陷害无辜，迫害宗室重臣，同时还大搞牵连之风，致使冤狱累累、怨声载道（突出了当时的世风日下）。而徐有功正是在这种险恶的政治环境下克己奉公、大公无私，为国为民尽到了一份自己的职责。

天授元年，即690年，道州刺史李仁褒被人诬陷，徐有功察其清白而为其力争，使李仁褒和他的弟弟李榆次得以幸免。但徐有功自己却因此而被周兴等酷吏所忌恨，并因此被诬陷而罢职。过后不久，由于徐有功的清正无私，又被武则天起用为左肃政台侍御史，依然掌管司法。徐有功对此力辞不就，并对武则天说："我曾听别人说过这样的谚语，鹿虽然在山林中奔走驰跑，然而它最终的命运却是和厨房的厨子联系在一起，陛下您让我掌握司法，而我却只能克己奉公，公正执法，因此不管是谁，我都要依法处理而不敢因陛下的旨意而枉法，所以也许会因为这个差事而送了命。"由于武则天深深了解徐有功的公正无私，所以执意要他接受这个职务，而徐有功一方面迫于王命，另一方面也为了伸张正义于天下，所以就领受了这个职务，重新执掌刑罚。

长寿二年即693年，润州刺史窦孝谌的家奴诬告窦孝谌的夫人烧香诅咒皇上，并且还密谋不轨。武则天闻知大怒，下令迅速查办。而给事中薛季昶则为了取媚于皇上，无故罗织罪名，将窦孝谌的夫人庞氏定成了死罪。窦孝谌的儿子窦希不服判决，立志为母申冤，遂向徐有功申诉了冤情。徐有功据实而查，把自己的进退得失置之于脑后，最后力排众议，推翻了原先无中生有的罪名，为庞氏平了反。然而徐有功此举却大大地得罪了薛季昶，薛季昶因此向武则天大进谗言，诬陷徐有功结党营私，志在谋逆，并将徐有功问成大罪。当徐有功的属下把这个消息告诉他时，徐有功听了哈哈大笑，泰然地对痛哭不止的属下说："死没什么可怕的，世界这么大，人这么多，难道唯独我去死，而其他的人就能长生不死吗？"说完，徐有功就像往常一样地处理公事，像平常一样地吃饭、睡觉。第二天。武则天召见了徐有功，对他大加责备，严厉地指责他断案量刑过宽，有意放纵、败坏国家的法度。徐有功对武则天的指责不卑不亢，据理力争。"我说过我是依法办事，也许有时定罪判刑过宽，但这是我做为人臣的小过失，然而我却能够通过这些小的过失挽救一大批好人的性命，不冤枉错杀犯人及无辜者，而这些却都是大的功德啊，如果陛下能发扬这种大的功德，那就是普天下老百姓的万幸啊。"徐有功慷慨陈词，一时使武则天也无以为对。最后，窦孝谌的夫人庞氏终于被免去了死罪而被改判为充军，而徐有功却又一次成为武则天淫威的牺牲者，被再次废为庶人（表现出徐有功执法刚正严明、大公无私的精神）。

徐有功虽几经大起大落，但他尽忠至公之心却并没有因为他的几起几落而旁落，相反，这却更使徐有功增加了为民请愿之志。当徐有功每次看到武则天无故杀人，都要冒死力争，有时对皇上也是声色俱厉（体现出徐有功一心为民的精神）。一次，武则天因为一个案子和徐有功争执不下，于是恼羞成怒，便命令殿前的武士把徐有功推出午门斩首。武士们马上进殿驾起徐有功就往宫门外拖，徐有功一面用力挣扎，一面大声喊道："陛下，我虽然被杀，但法律却不能随意更改。"武则天听了后，深深地佩服徐有功以死尽忠、护法尽节的忠义之心，遂上前喝住武士，并大大地奖赏了公正无私的徐有功。

徐有功不仅执法如山、护法尽忠，而且无论对公对私都持公正廉明之心。丝毫不以个人或其他的原因而怠慢国政。一次，酷吏皇甫文备和徐有功共同审理一件案子，徐有功秉公办理，不无故陷人以罪，因而引起皇甫文备的不满，于是他就诬告徐有功有意释放叛逆犯人，武则天遂命令让徐有功回避此案，并另外派人调查实情，但后来调查的结果证明皇甫文备是诬陷。但徐有功对此却泰然处之，坦荡无私，丝毫不以为怀。不久，皇甫文备亦被人告发谋反而被捕入狱。徐有功经过调查和详细的分析案情，认为皇甫文备是受冤而致，于是就把他无罪释放了。徐有功的属下们都很不理解，就问徐有功："皇甫文备过去曾无中生有地陷害你，竭力想害你，而你对他却这样宽容，对他如此宽大，这到底是为什么？"徐有功听了后，严肃地对大伙儿说："你们说的是我和皇甫文备私人之间的矛盾，但我现在所执行的是国家的法律，我又怎能因为我们俩有矛盾而去违背国家的法律呢？"短短几句话，揭示了徐有功为官清正、大公无私的高风亮节（表现出他不论公私都保持着公正廉明之心）。

徐有功经常对他的下属说："一个人身为法官，掌握着百姓的生死大权。所以不能只顾自己的荣辱进退而一味地顺从皇帝的意见，说假话、说空话来滥杀无辜。”徐有功是这样说的，也是这样做的。在他几次任法官期间，多次为受冤枉的和被陷害的犯人和案件平反，积极地为受害人申诉，几次差点被武则天处死。但徐有功坚贞不渝，置国家的法律于个人之上，公而忘私。忠心为国，确实堪称志士仁人。尤为可贵的是，徐有功出淤泥而不染，卓然守法，矢志不移，终无屈服之心，而有忠烈之义。其大公无私的节操深为后人称赞，因而得以流芳百世（体现出他忠心为国、以身作则的精神）。

热血洒扬州

崇祯十七年（1644）三月，李自成农民军攻入北京，明王朝灭亡。不久，明山海关守将吴三桂引清兵入关。南京的明朝文武大臣立明神宗之孙福王朱由崧为帝，改当年为弘光元年，史称这个南明小朝廷为弘光朝。

史可法（1602—1645）字宪之，又字道邻，祥符（今河南开封）人，原籍大兴（今属北京）。世袭锦衣百户，据说，史可法生前，其母曾梦见文天祥。崇祯元年（1628）进士及第，历官员外郎、郎中、右佥都御史、户部右侍郎、南京兵部尚书，参赞机务。史可法“廉信，与下均劳苦”“军行，士不饱不先食，未授衣不先御，以故得士死力”。

在李自成进军北京时。史可法誓师勤王，过江至浦口（今属江苏），得到崇祯吊死煤山的消息，未再北上，史可法同南京诸臣议立明室之后，福王立，史可法任礼部尚书、东阁大学士，仍掌兵部事。史可法建议福王“素服郊次，发师北征”。福王对此只是唯唯应付，不作肯定答复。在奸贼马士英入阁后，便极力排挤史可法到扬州督师（可以看出刚开始，史可法并不受欢迎）。

是时，江北分为四镇：总兵刘泽清辖淮安（今江苏）、海州（今江苏连云港西南），驻淮河之北，经理山东一路；总兵高杰辖徐州（今属江苏)、泗州(今江苏盱眙北),驻泗水(今属江苏),经理开封(今属河南)、归德(治所商丘,今河南商丘)一路;总兵刘良佐辖凤阳(今属安徽)、寿州(今安徽寿县),驻临淮(今安徽凤阳东),经理陈州(今河南淮阳)、杞县(今河南柘城)一路;靖南伯黄得功辖滁州(今安徽滁县)、和州(今安徽和县),驻庐州(治所合肥,今安徽合肥),经理光州(今河南潢川)、固始(今属河南)一路。

史可法督此四镇,福王加他为太子太保、改兵部尚书、武英殿大学士,淮扬各镇均受史可法节制。

这四镇总兵,互有矛盾,其中有三镇争着要驻于扬州。为此,高杰兵攻扬州,刘泽清亦大掠淮上。史可法以国事为重,前往调解。使黄得功、刘泽清、刘良佐均表示听命,而高杰素畏史可法,也表示服从。史可法就这样安定了扬州,随即开府于扬州,并不时出巡各镇。自此以后,四镇发生冲突,史可法均设法进行调解,让他们共赴国难,劝他们同保国土。在史可法的感召下,高杰大为感悟,从此奉守史可法约束。

史可法在扬州,"行不张盖,食不重味,夏不机,冬不裘,寝不解衣"。团结四镇,共保国土。又军事防御力量有所增强。在南京的马士英则连军饷也不给予,到清顺治二年(1645)正月,史可法所部各镇军队,都因缺饷而饥饿。马士英又设法夺史可法的兵权,又命卫胤文为兵部右侍郎,到扬州总督军队。二月史可法从徐州回来,到扬州之前,黄得功发兵袭击卫胤文于扬州。只是在史可法派人调解之后,黄得功才退兵。而大将高杰又被杀害。这就使史可法保卫江南的实力大大削弱。

四月二十日,清朝大将多铎率兵攻至扬州。史可法调各镇兵保卫扬州,各镇竟无一出援。为此,总兵官刘肇基要求背城决战。史可法希望取万全之策,害怕有所闪失,反而不好,所以,否决了背城决战。这时,清军驻于扬州外之斑竹园,多铎派人招降史可法,遭到史可法严词拒绝。史可法说道:"我是大明宰相,大明朝没有投降的宰相,只有与城池共存亡的大臣（表现出史可法忠心为国，一心要保国土的精神）。”

四月二十一日，扬州城内有人动摇，总兵李栖凤、监军副使高岐凤率本部出降。扬州城的防御力量更加单薄了。但是，史可法仍坚守城池，他安排文武官员分段守城，自己则守卫最险要的旧城西门。史可法也十分清楚。扬州城势孤力弱，自己守城有死无生，便写信向母亲诀别，又给妻子写了遗书，表明自己要以死报国，并希望“死，葬我高皇帝陵侧”，表明他誓死效忠明王朝（体现出史可法顽强忠义视死如归守卫国土的精神）。

两天之后，清军发动攻城，用巨炮轰击扬州城的西北，城终于被攻破，史可法见城已破，悲愤至极，便拔刀“自刎不殊”。其部将便保护史可法从小东门出城，结果为清军大队所截，史可法等均被俘，见此情景，史可法神情自若地说：“我史督师也。”

多铎听说抓获了史可法，派人前往劝降。史可法依然坚贞不屈，他明确表示：城亡与亡，自己意已决，虽然碎尸万段，也绝不后悔。又一次大义凛然地拒绝了多铎的利诱，最后壮烈牺牲。

忠义奋发的史可法，誓死保卫扬州，其事迹感人至深。他顽强抗敌、视死如归的爱国主义精神和崇高品格，始终受到人们的赞扬！

抵制鸦片

林则徐以严禁鸦片、反抗外国侵略而名垂青史，他在内政、外交方面的革故鼎新也业绩卓著。林则徐，字少穆，又字元抚，晚号俟村老人。福建侯官（今福州）人。生于乾隆五十年（1785 年），卒于道光三十年（1850 年）贫苦塾师家庭出身。林则徐 4 岁开始随父读书，7 岁学做诗文，13 岁考中秀才，19 岁成为举人。20 岁入京会试落榜，回到福建当了塾师。嘉庆十六年（1811 年）林则徐第三次参加会试，考取进士，殿试二甲第四名，选翰林院庶吉士。在京 7 年，先后任过翰林院编修、国史馆协修、撰文官、御书房行走。

在此期间，他利用翰林院丰富的藏书，认真钻研历代要政沿革，潜心经世致用之学。嘉庆二十五年（1820 年），林则徐被派任杭嘉湖道台，在任上兴修水利，整顿盐务，同时又镇压了湖州农民的抗粮斗争，因而获得道光帝的好评（可以看出林则徐一心为国的精神，为上分忧，也属“孝义”）。道光二年（1822 年），改任署浙江盐运使，不久升任江苏按察使，在杭州主持重修岳飞坟和于谦墓，以示对岳飞、于谦爱国精神的敬仰。

道光十年（1830 年）前后，林则徐结交了黄爵滋、龚自珍、魏源等一批志士。他们来往密切，并建立了友谊。龚自珍、魏源虽比林则徐年轻，但对改革弊政、铲除鸦片等问题，观点一致，因而成为契友（突出林则徐大义的精神，可以结交到各路英雄志士）。道光十二年（1832 年），林则徐出任江苏巡抚。当时的两江总督是陶澍，督抚之间关系融洽。林则徐的施政措施，得到了陶澍的有力支持。两人曾向朝廷合奏，建议严禁鸦片，自铸银币，解决银贵钱贱问题，但没有引起朝廷的重视。林则徐在任上大力兴修水利，先后疏浚了白茆河、刘河和练湖，又整顿了盐务。他深感南粮北调，积弊日深，根本的出路在于发展京师附近的农业，革除漕运弊政，因此在冯桂芬的协助下，编成《畿辅水利议》，建议在京畿兴办水利，开垦稻田，这是富有远见的。

道光十七年（1837 年），林则徐升任湖广总督。当时鸦片泛滥，流毒全国。林则徐上书积极支持鸿胪寺卿黄爵滋的禁烟主张，向朝廷提出了 6 条禁烟建议，其中包括尽缴烟具、劝令自新、重惩烟贩、收查烟土、处分失察官吏等，又在武昌、汉口、汉阳、长沙等地设立禁烟局，负责查禁、收缴烟土、烟具，对吸食者进行惩治。道光十八年（1838 年）冬，朝廷遣他为钦差大臣兼兵部尚书衔赴广东，查禁鸦片，并节制该省水师。

林则徐于 1839 年 3 月到达广州后，与两广总督邓廷桢和水师提督关天培通力合作，严拿烟贩，惩办不法官弁，檄谕外商缴出鸦片，并具结保证来船永不夹带鸦片，将缴得的鸦片 19187 箱，外加

2119袋，合计2376254市斤，在虎门海滩全部销毁（从这些数字可以看出林则徐的确是捍卫了国家的主权，是中华民族的骄傲）。虎门销烟从1839年6月3日开始，至6月25日结束，虎门百姓和澳门外商数万人先后来现场观看。虎门销烟，是中国人民捍卫国家主权，反抗外国侵略的英雄壮举。

道光二十年（1840年）初，林则徐出任两广总督，邓廷桢调任两江总督。林则徐与关天培一道，积极筹办海防。6月，鸦片战争爆发，林则徐采取以守为战，以战助守的战略，发动广州人民，同仇敌忾，抵抗英国侵略者（体现出林则徐为国为民英勇抵抗侵略者的精神）。英国海军在广州没有占到便宜，便北上占定海，攻大沽，威胁北京。朝廷内部投降派乘机而起，诬陷林则徐"劳师縻饷"。道光皇帝也表示对林则徐要"重治其罪"。林则徐、邓廷桢被革职查办。道光二十二年（1842年），林则徐被遣戍伊犁。他在伊犁3年，为开发边疆、保卫边陲做出了贡献。道光二十五年（1845年）被重新起用，先后任陕甘总督、陕西巡抚、云贵总督等职。1849年因病辞官归里，第二年又被任命为钦差大臣，赴广西镇压农民起义，在赴任途中病死于广东潮州，结束了他悲壮的一生。

惩霸除恶豪，安良抚民心

在漫长的封建社会中，普通黎民百姓受政府的政治统治和经济剥削，遭乡里恶霸的欺凌。因此，历史上有长远政治眼光的统治集团，为巩固其统治，一方面要使政治压迫和经济剥削保持在一定限度之内，另一方面也要把惩治豪强作为国家的要务。正是由于这个原因，我国古代历史上留下了许多惩霸安良的事例。北宋真宗时期，胡顺之的事迹便是其中之一。

胡顺之，字孝先，原州临泾（今甘肃镇原）人。少年笃学。以登进士第入官，初授试秘书省校书郎，任浮梁县（今江西景德镇境内）

令。胡顺之的家乡在宋代地处西北部边境地区，也是属于天高皇帝远的地方，自少年时代，胡顺之即目睹豪强横行乡里，百姓苦而无告的惨状。所以，在他任官以后，即抱定遇恶必惩的目标，以为国泰民安尽自己的微薄之力（体现出胡顺之一心为国为民出力的决心）。

浮梁县内有一个叫臧有金的恶霸，平素极为豪横，从来不肯缴纳租税。家中畜养了几十条恶狗，旁人一旦走近其家门，辄遭犬咬。又环绕自家院墙密植桔柚之树，使人不可入。他家的租税，每年都是当地的里正出资代输，以前的县令虽亦知情，但是谁也不敢加以绳治。

胡顺之到任之后，里正即来告代臧氏输租之事。他最初还猜想，可能是里正忌妒臧氏之富有，想让他这个县令替他出气，岂有“王民不肯输租者”？因此他命令里正到期照常督收。到收税之时，里正来告不能督办。胡顺之即派县衙的差役，前往臧家收税，又是空手而归。胡顺之不得已只好派县里更高的职员——押司录事前去收缴，结果仍是白跑一趟。胡顺之愤怒地说：“看来臧家的租税，非得县令亲自督缴了！”于是亲自率领里正、衙役，载柴草前往臧家宅院，以柴草塞臧宅之门，令衙役放火焚之（体现出了胡顺之痛恨偷税漏税之人）。臧家人见状纷纷逃窜，胡顺之令衙役四处拦捕，然后驱赶至县衙，对臧家十六岁以上的男子尽行杖责。并对臧家的人说：“我焚烧了你家的宅院，又杖打了你们父子兄弟，你们可去府衙告我胡顺之无道。”臧家之人自知理亏，又慑于胡顺之的威严，没人敢到府里投诉。从此以后，“臧氏租，常为一县先”，充当里正的乡民遂免代为输租之苦。

在宋代，各级衙门都有相当数量的胥吏。皆选富民充任，王安石变法以前，胥吏皆无俸禄。其中不少人不肯白尽义务，常借公务之便捞取钱物，到基层巡察便是他们一贯借用的手法之一。胡顺之所在的浮梁县，也常受府衙胥吏的搅扰。

有一次胡顺之听说府里的教练使要到本县来，便暗中派人监视其行踪。发现这个身为胥吏的教练使竟先去只接待正式官员的驿舍，向管理驿舍的吏人索要供给之物。这个教练使吃喝完毕方至县衙，谒见县令，神色甚为倨傲，胡顺之迎至衙中让坐，教练使即毫不谦让地坐了下来。

这时候，胡顺之才慢条斯理地问他："教练使是什么官呀？"那人回答说："本人是州里的吏职。"胡顺之接着问："既然是吏职，那应该入驿舍吗？"教练使踌躇地说："途中没有邸店，所以暂借驿舍歇脚。"胡顺之又问他："应该接受驿吏的供给吗？"来人回说："来时未带刍粮，故而受其供给。"胡顺之见他非分享用国家财物，还蛮有理由，就又质问说："你应该与朝廷命官坐着谈话吗？教练使这才站起身来谢罪（可以看出胡顺之以理说人的作为）。"

为了惩治这个恶吏，胡顺之将他关进监狱。关在暗室之中，环室内放了十桶粪尿。教练使不堪其臭，一日偶见胡顺之从狱旁经过，即大喊："县令为何不问我的罪案？"胡顺之笑着说："请教练使不要见怪，这几天县里正好公务很忙，没能抽空问你的案子。"关了十天，才将教练使提出审问，断为杖二十之罪。教练使不服，说："我是州吏，有罪，也应受杖于州。"胡顺之笑着回答："教练使久为州吏。难道不知国家法律规定，杖罪不必解送州衙？"遂喝令衙役执行杖责。自此，府吏再也不敢到县里扰乱。

其后，胡顺之调至青州（今山东益都）为幕僚。青州大姓麻士瑶，阴结朝中高级宦官，家中藏匿兵械，服用器物模拟尚方，州县久被其陵蔑，而不敢告发其奸。适逢麻士瑶杀了他侄子麻温裕，麻温裕的母亲到州里告状。州中众官皆面面相觑，不敢前去捕捉。唯胡顺之自告奋勇，领了檄文，率衙役径至麻家，将其族党尽行捉拿归案。朝廷降诏鞫问，麻士瑶论死，其子弟坐罪流放者有百余人，称霸一方的麻氏遂得以剪除。胡顺之也因此闻名于朝廷，宋真宗特召其至京师，授予著作佐郎（突出胡顺之为朝廷贡献之大）。

阅读鉴赏

君子如果能够孝顺父母，并且移孝作忠，一定能够使声名扬于后世。孔子说："君子侍奉父母亲能尽孝，所以能把对父母的孝心移作对国君的忠心；奉事兄长能尽敬，所以能把这种尽敬之心移为对前辈或上司的敬顺；在家里能处理好家务，所以会把理家的道理移于做官治理国家。因此说能够在家里尽孝悌之道、治理好家政的人，其名声也就会显扬于后世了。"孔子既把至德要道，分别讲解得清清楚楚。又提出了移孝作忠，扬名显亲的办法。

知识拓展

鸦片战争

1840年，英国侵略者向中国发动了第一次侵略战争，当时的中国正处在封建社会。而这次战争是英国殖民主义强行向中国走私销售鸦片所引起的，因此历史上称作鸦片战争。在鸦片战争之后，中国开始由独立的封建国家逐步变成了半殖民地半封建的国家，中华民族也开始了一百多年屈辱、苦难斗争的历程。

谏诤章第十五

曾子曰："若夫慈爱①、恭敬、安亲、扬名，则闻命矣。敢问子从父之令，可谓孝乎？"子曰："是何言与②！是何言与！昔者，天子有争臣七人③，虽无道，不失其天下；诸侯有争臣五人④，虽无道，不失其国；大夫有争臣三人⑤，虽无道，不失其家；士有争友，则身不离于令名⑥；父有争子，则身不陷于不义。故当不义，则子不可以不争于父；臣不可以不争于君；故当不义则争之。从父之令，又焉得为孝乎！"

【注释】

①若夫：句首语气词，用于引起下文。慈爱：指爱亲。慈，通常指上对下之爱，但也可指下对上之爱。

②与：通"欤"（yú），句末语气词，表感叹或疑问语气。

③天子有争臣七人：旧注说，天子的辅政大臣有三公、四辅，合在一起是七人。"三公"是太师、太傅、太保。"四辅"是前曰疑、后曰丞、左曰辅、右曰弼。争臣，敢于直言规劝的臣僚。

④诸侯有争臣五人：诸侯的辅政大臣五人，或说是三卿及内史、外史，合计五人。孔传说，五人是天子所任命的孤卿（天子派去辅佐诸侯的师、傅一类的官员）、三卿（指司马、司空、司徒）与上大夫。

⑤大夫有争臣三人：大夫的家臣，主要有三人。孔传说，三人是家相（管家）、室老（家臣之长）、侧室（家臣）。王肃说，"三人"无侧室，而有邑宰（见邢疏）。刘炫《孝经述议》说，以

上“七、五、三”，都不是实数。

⑥令名：好名声。令，善，美好。

【译文】

曾子说：“诸如爱亲、敬亲、安亲、扬名于后世等，已听过了老师的教诲，现在我想请教的是，做儿子的能够听从父亲的命令，这可不可以称为孝呢？”孔子说：“这算是什么话呢！这算是什么话呢！从前，天子身边有敢于直言劝谏的大臣七人，天子虽然无道，还是不至于失去天下；诸侯身边有敢于直言劝谏的大臣五人，诸侯虽然无道，还是不至于亡国；大夫身边有敢于直言劝谏的家臣三人，大夫虽然无道，还是不至于丢掉封邑；士身边有敢于直言劝谏的朋友，那么他就能保持美好的名声；父亲身边有敢于直言劝谏的儿子，那么他就不会陷入错误之中，干出不义的事情。所以，如果父亲有不义的行为，做儿子的要劝谏；如果君王有不义的行为，做臣僚的要劝谏；面对不义的行为，一定要劝谏。做儿子的能够听从父亲的命令，又哪里能算得上是孝呢！”

【评析】

谏诤，对尊者、长者或友人进行规劝。这一章叙述遇到君、父有失误时，臣、子应当谏诤的道理。《谏诤章》提出“故当不义，则子不可以不争于父；臣不可以不争于君；故当不义则争之”的原则，体现了其进步因素。姚际恒《古今伪书考》批评这些话“何其径直而且伤于激也”，说它不像《论语》里“事父母几谏，见志不从，又敬不违，劳而不怨”那样，“多少低回曲折”！并且以此怀疑《孝经》是伪书。不过，这也从另一个侧面证明了它的意义。当封建专制制度确立后，“当不义则争之”的进步思想便不再可能真正去实行了，取而代之的是“君要臣死，臣不得不死；父要子亡，子不敢不亡”，“天下无不是之父母”之类的说教。

国学故事

华封谏尧帝

有一次，尧去古华州视察，守辖华地的封宰听说尧有圣人之德，便亲往迎接。见面后华封虔诚地祝尧长寿，不想尧辞而不受；华封改祝富庶尧也不受；华封再祝他多男子，尧依然辞谢。华封奇怪地问尧："长寿、富庶、多男子是人之所望，唯你不愿意接受，不知是什么缘故？"

尧回答："多男子，子围争端；亲疏有间，忧惧陡增，惶惶而不可终日；富庶，则财物丰饶，觊觎在所难免，事情烦冗而后果不利；长寿，世间俗务堆积，长年缠身，劳体伤神无从自拔，末了还要背个骂名。先生三个祝愿不仅不是以养圣之道，反而致累，所以不敢接受。"

华封淡淡一笑，随后说："我原以为你是一个圣人，万没想到你仅仅是个正人君子，心怀浅虑而缺深思（表现出了华封淡然、睿智、敢于纳谏的品质）。天生万民乃天地万物的造化。万物有它的特长，也有它的作用。衡量人的能力授之于责，凭其才能授之于官，多则多授，多授多用，哪有什么畏惧不安？四海丰饶，财产殷实，供黎民分享，遵循寄之于群而不徇私的准则，怎么纷争多事？再则圣人犹如鹌鹑野居，无拘无束，无一定居处，又像幼鸟全赖母鸟哺食，只求一饱而无情于滋味。他们灰心灭智，与物冥合，往来似鸟不留踪迹。如果天下有道，人间相安无事，物来我感，应时昌盛，与万物共存，就君临万民。如果天下无道，遭逢离乱，他就随俗韬光，修德隐居，逍遥避世。大道之用原是隐显自在，或是大用，或是舍弃，随时而定。人有千岁当知穷理之变，生为天行，死为物化。厌恶嚣俗就消匿，乘云御气还于仙都。况且你所顾虑的三患原本虚无，大可驾驭造物而来往、而变化、而自持如常。试问有什么祸殃和侮辱？”华封言毕，扭头就走。

治心与治政

楚悼襄王向他的宾客庞媛问政，他说：“治理天下政事的人，他会有真正的治国之道吗？”庞媛说：“大王难道没有听说过名医俞跗是如何治病的吗？他发现有病的人会刻意为病人医治，并且手到病除，病魔鬼怪见到他就趋避。楚王君临天下，施政治国，用有才能的人。这道理好比医病，不一定喜欢名声大的大夫，而是使用对自己病情了解的老医生（这句话起到了点题的作用，就好比治政与治心）。”

楚悼襄王说：“好，你说得对，不妨再讲下去。”

庞媛说：“大王是否听说魏文侯问扁鹊的那件事，事情是这样的：魏文侯问扁鹊：‘先生兄弟三人，兄弟三个中谁的医道最优异。’扁鹊说：‘我的大哥医道为最，二哥仅次于大哥，我是三人中最差的。’魏文侯说：‘你能否讲得详细点？’扁鹊说：‘大哥治病，观察人的神色和气色，以防治为主，不待神色气色异状形于外表，就着手为病人治疗，使之痊愈。他医病大都是往来亲友谈笑之间，所以他的名声如同诊断治于不病一样，不出家门。二哥治病，没有大哥那样的本事，他要观察病人毫毛之间的症象，就是说当病已经出现很轻微的病兆时，就对病人治疗。至于我扁鹊，既没有大哥的本事，也没有二哥的本领，只会就病医病，一定要病情发展到从气色、毫毛影响到血脉、肌肤表症可见，才对症下药予以治疗（体现了扁鹊的谦虚、擅长把握事物的表象）。这是表面学问，做的人、行的人也很多，我不过善于把握这种表面学问而不同于他人，所以名声也大，传布于天下的诸侯之间。”

魏文侯听得津津有味地道：“说得有理。”庞媛说：“就这个故事而言，如果来个换位，让擅长医道的扁鹊代替管子去治国。大王一定会说齐桓公不会获得霸业的成功。这个道理就在于此，当未意识到有病，但病已在无可名状之时就着手医治，使它不变为有形的祸患，就容易取得成效，这是弭之无形的自然之道。对此之道，有能耐的医生可以化而导之，平庸的医生昧然不识，终生误人、害人，受害的人即使不死，但他的精神必致重大的创伤。”

楚悼襄王很受启发地说：“讲得好，我想我治政不免会为民为国造致疮痍，但又有谁会见于秋毫而为我治政呢（这句话表现出楚悼襄王有一丝惋惜之情，惋惜自己并没有那个可以为他治政的人）？”

治心在于先消灭自己心头不良的情绪。

秦王多算多胜

孙子在《计篇》中提出“未战先算、多算多胜”的观点。的确，两军交战，不仅劳民伤财，导致生灵涂炭之惨境，而且可使财力尽耗，国之将倾。因此，要慎战，没有十分的把握不要贸然发起进攻。战争可以使一个国家变得更加强大，也可以令之一蹶不振（这段话体现出战争给国家和人民带来的危害）。

春秋战国时期，韩国、蜀国互相攻打，都来向秦国告急，秦惠王想出兵讨伐蜀国，但考虑到道路险峻难行，韩国又可能来侵略，所以犹豫不决，秦王把司马错和张仪叫来商量对策。

司马错建议秦惠王出兵攻打蜀国，张仪不同意，张仪说：“不如去讨伐韩国。”秦惠王说：“请谈谈你的见解。”

张仪回答说：“我们应该和魏国、楚国亲善友好，然后出兵黄河、伊济一带，攻取新城、宜阳、兵临周王都，控制象征王权的九鼎和天下版图。挟持天子以号令天下，各国就不敢不从，这是称王的大业。要博取名声应该去朝廷，要赚取金钱应该去集市。现在的黄河、伊洛一带和周朝子室，好比天下的集市和朝廷，大王您不去争雄，反倒和远方的戎狄小族争斗，这不是帝王的大业啊！”

司马错反驳张仪说：“不对。我听说过这样的话，想要使国家富强必须先拓疆土，想要使军队强大必须先让百姓富裕，想要成就帝王大业必须先树立德望。如果这几条具备了，帝王大业就水到渠成，现在大王的国家地小民贫，所以我建议先从容易的事做起（可以看出不论做什么事，想要成就一番事业，必须要脚踏实地从小事做起）。蜀国，是西南偏僻之国，又是戎狄之族的首领，政治混乱，如同夏桀、商纣，以秦国的大兵攻打蜀国，就像狼入羊群一样。攻占它的土地可以扩大秦国疆域，夺取它的财富可以赡养百姓，军队用不了多大伤亡就可以使蜀国投降。这样，吞并一个国家而天下并不认为秦国强暴；获广泛的利益，天下人也不认为秦国贪婪，我们一举两得，名利双收，还可以享有除暴安良的美名。秦国如果攻打韩国，劫持周天子，就会臭名远扬，也不见得有什么实际利益。周朝，是天下尊崇的王室，齐国是韩国的亲睦联邦。周朝自知要失去九鼎，韩国自知要失去伊洛一带领土，两国将会齐心合力，共同谋划，向齐国和赵国求援，会和有旧怨的楚国和魏国和解，甚至不惜把九鼎送给楚国，把土地割让给魏国。到那时，大王您只能束手无策，那是很危险的！所以，我说攻打蜀国才是十拿九稳的上策。”

秦王听从了司马错的建议，决定出兵攻打蜀国。

秦国仅用了十个月，就打败了蜀国。蜀国被秦国吞并后，秦国更加富庶和强盛了。

萧何荐韩信

汉初，有一位著名军事家韩信（前 231 年—前 196 年）。他出身贫苦，甚至连衣食都没有着落，可是胸怀大志，见识、气度不凡。韩信最初追随项梁、项羽反秦，他多次提出建议和计策，但项羽都不予采纳。汉王刘邦派兵入蜀后，他亡楚归汉，先后任连敖和治粟都尉，仍未受到重用。后来他与丞相萧何相识并多次交谈，得到萧何的欣赏。

汉军到南郑后，一路上将领逃亡者达数十人之多。韩信以为汉王不重用自己，也不辞而别。萧何得知消息，来不及报告刘邦，亲自带人追赶（体现出萧何对韩信的重视）。萧何对刘邦进言说："诸将易得，至如信，国士无双，王必欲长王汉中，无所事信；必欲争天下，非信无可与计事者。"刘邦当然想举兵东向，与楚霸王项羽争夺天下。于是答应了萧何的劝告，并以隆重的拜将仪式将韩信提升为大将军。韩信拜为大将军后，汉王请教与项羽争夺天下的计策。

韩信认为："从勇悍仁强来说，汉王不如项王，但项羽不能任属贤将，只是匹夫之勇，如果汉王能反其道而行之，任用天下武勇，一定可以举兵东定三秦，与项王争夺天下。"刘邦听了韩信一席话，十分高兴，有相见恨晚之感，立即依照韩信的计策部署诸将。汉王兵败彭城后，韩信又开辟侧翼战场，定魏，破赵、代，降燕，平齐，在战略上取得了一系列重大胜利。保证了荥阳、成皋正面战场的相持和反攻。韩信平定齐国后，被封为齐王。楚汉战争胜利后又徙为楚王。韩信至封国后，权力越来越大，与刘邦的关系也开始紧张了。刘邦当了皇帝以后，因战功所封的异姓诸侯王成为强化皇权、巩固中央集权体制的障碍，特别是韩信，功高震主，更成为刘邦猜忌的对象。

韩信先是被贬为淮阴侯，汉高帝十年（前 197 年），有人告发韩信谋反。当时，刘邦正亲自领兵讨伐陈豨（xī）。吕后就与相国密谋，将韩信诱至长乐宫钟室杀之。韩信的成长和他的才能得以发挥以及最后被害，都与萧何有关，所以历史上有这样的说法：成也萧何，败也萧何。《资治通鉴》的作者司马光赞同这样的看法："汉之所以得天下者，大抵皆信之功也。"他认为，韩信根本没有谋反之心，他之所以失之怏怏，是因为汉高祖有负于他。然而司马光指出，这也是韩信咎由自取。正如太史公司马迁所说的"假令韩信学道谦让，不伐己功，不矜（jīn）其能，则庶几哉！于汉家勋可比周、召、太公之徒，后世血食矣！不务出此，而天下已集，乃谋叛逆；夷灭宗族，不亦宜乎！”

从人才史的角度来看，韩信的成败荣辱给后世提供了许多有益的启示。第一，人才的脱颖而出需要具备一定的条件。如果没有萧何的了解和着力推荐，没有刘邦的信任和重用，韩信无用武之地，恐怕就不可能成长为彪炳史册的统帅和军事家。韩信在项羽手下的默默无闻，就是一个有力的反证（与韩信被重用成为鲜明的对比）。第二，用人者和被用者（人才）应该根据时势和地位的变化，及时调整双方的关系。在古代，君臣之间只是一种相互利用的关系，很难做到善始善终，“狡兔死，走狗烹”，成为皇帝处理君臣关系的一种定式。第三，被用者（人才）也应该始终保持清醒的头脑，不断提高自己修养，谦虚谨慎，三思而后行。如果韩信学道谦让，或许可以避免宗族夷灭的悲剧。

阅读鉴赏

孔子说：“普通的读书人有直言劝争的朋友，自己的美好名声就不会丧失；为父亲的有敢于直言力争的儿子，就能使父亲不会陷身于不义之中。因此在遇到不义之事时，如系父亲所为，做儿子的不可以不劝争力阻；如系君王所为，做臣子的不可以不直言谏争。所以对于不义之事，一定要谏争劝阻。如果只是遵从父亲的命令，又怎么称得上是孝顺呢？”本章说明了做儿子和臣子的道理。假如说父亲和君主做事违反了义理，那么做儿子和做臣子的应该直接语言劝告，尽谏诤之义，以免陷君王、父亲于不义，这样才是真正的孝顺以及忠诚。

知识拓展

忠 贞

忠贞是对上、对君主的忠诚和忠心，也可以说是夫妻之间的一种信任与忠诚。忠诚在后者的关系当中至关重要。忠贞不仅仅是一种气节，同时也是一种操守。

感应章第十六

子曰："昔者，明王事父孝，故事天明[①]；事母孝，故事地察[②]；长幼顺，故上下治。天地明察，神明彰矣[③]。故虽天子，必有尊也，言有父也[④]；必有先也，言有兄也[⑤]。宗庙致敬，不忘亲也。修身慎行，恐辱先也。宗庙致敬，鬼神著[⑥]矣。孝悌之至，通于神明，光[⑦]于四海，无所不通。《诗》云：'自西自东，自南自北，无思不服。'"

【注释】

①"明王"二句：明王能够孝顺地奉事父亲，也就能够虔敬地奉事天帝，祭祀天帝，天帝能够感受，能够明了孝子的敬爱之心。孔传："孝，谓立宗庙，丰祭祀也。"

②"事母孝"二句：明王能够孝顺地奉事母亲，也就能够虔敬地奉事地神。祭祀地神，地神能够感受，能够清楚孝子的敬爱之心。

③"天地"二句：明王能明察天之道，明晓地之理，以奉事父母的孝顺奉事天地，天地之神也就能明察明王的孝心，充分地显现神灵，降下福祐。神明，指天地神灵。彰，显著，明显。

④"故虽"三句：天子虽然地位尊贵，但是必定还有尊于他的人，那就是他的父辈。郑注："虽贵为天子，必有所尊，事之若父，即三老是也。"唐玄宗注："父谓诸父。"孔传说，父是死去的父亲。

⑤"必有"二句：天子必还有长于他的人，那就是他的兄辈。郑注："必有所先，事之若兄，即五更是也。"唐玄宗注："兄谓

诸兄。”

⑥著：一说音zhù，昭著之意，指神灵显著彰明。一说音zhuó，就位、附着之意。指鬼魂归附宗庙，不为凶厉，从而祐护后人。

⑦光：通“横”，充满，塞满。

【译文】

孔子说：“从前，圣明的天子，奉事父亲非常孝顺，所以也能虔敬地奉祀天帝，而天帝也能明了他的孝敬之心；他奉事母亲非常孝顺，所以也能虔敬地奉祀地神，而地神也能洞察他的孝敬之心；他能够使长辈与晚辈的关系和顺融洽，所以上上下下太平无事。天地之神明察天子的孝行，就会显现神灵，降下福祐。虽然天子地位尊贵，但是必定还有尊于他的人，那就是他的父辈；必定还有长于他的人，那就是他的兄辈。在宗庙举行祭祀，充分地表达对先祖的崇高敬意，这是表示永不忘记先人的恩情。重视修养道德，行为谨慎小心，这是害怕自己出现过错，玷辱先祖的荣誉。在宗庙祭祀时充分地表达出对先人至诚的敬意，先祖的灵魂就会来到庙堂，享用祭奠，显灵赐福。真正能够把孝敬父母、顺从兄长之道做得尽善尽美，就会感动天地之神；这伟大的孝道，将充塞于天下，磅礴于四海，没有任何一个地方它不能达到，没有任何一个问题它不能解决。《诗经》里说：‘从西、从东、从南、从北，东南西北，四面八方，没有人不肯归顺、服从！’”

【评析】

感应，指互相影响，交感相应。这里指孝悌之道，可以通于天地之神，神明受到感动而降下福祜。董仲舒在《春秋繁露·五行对》中即用“木火土金水”五行模式来讲孝；东晋元帝作《孝经传》说，孝“能使甘泉自涌，邻火不焚；地出黄金，天降神女，感通之至，良有可称”。受此影响，历代孝行感动神鬼，天降灵验的迷信故事不计其数。

国学故事

连横巧言

战国时期，秦、齐、楚、赵、燕、魏、韩七国争雄，战乱不已。当时出现了两位谋略家（通常称他们是纵横家），一个叫苏秦，一个叫张仪，他们凭着三寸不烂之舌，穿梭于七国，纵横捭阖，斗智斗谋，对七国争斗的形势，影响甚大。

苏秦是“合纵说”的代表，他起初在赵国任相国，以后又做了齐国的相国。苏秦主张赵、齐、燕、韩、魏、楚六国联合共同对付秦国，凭着出色的辩才，他的主张曾获得六国国君的赏识，并一度被封为六国联盟的“纵约长”（表现出苏秦“三寸不烂之舌”的功力）。然而，由于六国之间的利害冲突难以协调一致，苏秦的合纵计划最终没有取得成功，而自己也被齐国孟尝君的部下暗杀了。

张仪是苏秦的同学，是“连横说”的代表。张仪的连横计最初是从对付魏国开始的。

秦国为了破坏苏秦建立起的六国联盟，一方面答应魏国，退还原先攻占魏国的襄陵等七座城池；另一方面又答应燕国，同意与燕太子联姻。收买拉拢了魏国、燕国，从而使得苏秦悉心经营的合纵计划宣告破产。

这时，张仪便向秦王献计：“既然六国联盟已经拆散，秦国也就无须再履行诺言，归还襄陵等七座城池给魏国了。”魏襄王听说秦国失信毁约，十分恼怒，派人向秦国提出质问，索要七城（突出了张仪的聪明才智）。

秦惠王索性一不做，二不休，命公子华为大将，张仪为副将，领兵进攻魏国。秦军所向披靡，一举攻下了魏国的蒲阳城。

秦王准备继续向前进军，张仪却要求秦王停止攻击，而且把攻下的蒲阳城依然归还给魏国，并把秦国的公子繇留在魏国做人质，以表示愿意与魏国结成世代友好的“诚意”。

魏襄王打了败仗，正惊魂未定，不料受到了这般“友好”的对待，真有点因祸得福的感觉，喜出望外，因此对秦王感激不尽。这时，张仪乘机出使魏国，向魏王说：“大王！秦国对您如此宽厚，您应该有所报答呀！”

魏襄王觉得张仪的话有道理，便与张仪商量如何报答。张仪见时机成熟，就说：“您知道，秦王最感兴趣的就是土地，除此之外，没有任何东西能使他满意。所以，魏国如果能割让一部分土地给秦国，秦王定会十分满意，就会愿意与魏国结成世代友好的同盟。以后，魏国和强大的秦国联合进攻其他诸侯国，必定是势如破竹，稳操胜券。到那时，魏国参战有功，分得的各诸侯国的土地，将会十倍于您今天割让给秦国的土地。这不是很划算的吗！”

这时，魏襄王一方面慑于秦国的强大，一方面也是轻信了张仪的欺骗，便把少梁一带的土地割让给秦国了，而且还不敢接受秦国公子做人质（再次突出了张仪三寸不烂之舌的威力）。

张仪用计屈服了魏国，很受秦王赏识，立即被提升为相国，接替了原来的相国公孙衍。到魏哀王时，又由于张仪用计，魏国便完全归附于秦国了。

魏国归附以后，张仪来到了楚国。这时，楚国正与齐国结成联盟，共同对付秦国。楚、齐两个大国联盟，使得秦惠王心存畏惧，寝食不安。张仪了解到楚怀王身边有个佞臣叫靳尚，此人贪财好色，而且不择手段，楚怀王却对他言听计从。于是，张仪到楚国后首先以重金贿赂靳尚，通过靳向的疏通，得以顺利地见到了楚怀王。

张仪名震四海，怀王早有所闻，再加上有靳尚的疏通，楚怀王在见到张仪时，表现得和颜悦色，礼敬有加，并主动询问张仪的来意，问他对楚国有何见教。

张仪善于察言观色，见楚王如此表现，认为机会难得，便灵机一动，把楚怀王着实恭维了一番以后，单刀直入对楚王说："大王！我这次是专为缔结秦楚之好而来（表现出张仪聪明和善于观察的表现）！"

怀王见张仪说话不卑不亢，显得十分"坦诚"，加上他内心深处对秦国这个虎狼之国颇有几分畏惧，所以在与张仪谈话时，便多少有点"推心置腹"了。他说："张先生说得很对。我何尝不想与秦国交好呢？只是秦国连年进攻各诸侯国，横行霸道，所以才不敢与它亲近。"

张仪从楚怀王的话中，揣摸到楚国对秦国确有畏惧之心，于是便乘虚而入，施展他的辩才（体现出张仪善于游说的强大本领）。他对楚怀王说道："大王！当今天下七个诸侯国中，秦、齐、楚三国最为强大。这时，秦国倾向于哪一面，确实举足轻重。假如秦国向东与齐国联合，齐国的势力就会加倍增长；相反，如果秦国向南与楚国联合，楚国的势力就会迅速强大。现在，秦国的想法是联楚而不是联齐。因为齐国当年曾与秦国联姻，却又做了许多有负于秦国的事情。听说您想与齐国交好，那可是犯了秦国的忌讳啊！相反，您如果与齐国绝交，与秦国结交，那么，秦国将把原来商鞅攻占你们的商于之地六百里归还给你们，同时还将把秦国的美女送给你做妾。这样，秦、楚两国世代友好，共同对付各诸侯国，那就会天下无敌！何去何从，请您三思！"

听了张仪这一番话，楚国的许多大臣感到欢欣鼓舞，特别是靳尚，更极力怂恿楚怀王接受张仪的建议，与秦国交好，只有陈轸、屈原表示坚决反对，但毕竟寡不敌众，疏不胜亲。楚怀王最终听从了靳尚等多数人的意见，决定与齐国绝交，与秦国结盟。为了表示与齐绝交的决心，楚怀王还专门派出勇士宋遣到边界上大骂齐湣王。

齐湣王见楚国背信弃义，又遭到楚国的辱骂，不禁勃然大怒，也派使者到秦国，要求与秦国结盟，共同讨伐楚国。秦惠王听从张仪的建议，也满口答应了与齐国结盟的请求。

张仪见楚国中计，在齐、楚绝交已成事实之后，便矢口否认归还商于之地六百里给楚国的诺言，反而说是楚怀王自己错了，把六里听成了六百里。

盛怒之下的楚怀王丧失了理智，不顾敌强我弱的客观情况，贸然起兵讨伐秦国。楚军遭到了秦、齐联军的迎头痛击，没战几个回合，便败下阵来，丧失了汉中一带六百里的土地（表明了楚怀王的昏庸和当时混乱的局面）。

这时，韩国与魏国为了讨好秦国，听到楚国打了败仗，也落井下石，出兵袭击楚国。

楚怀王四面受敌，惶惶不可终日，不得已派屈原去齐国求和，同时派陈轸去秦军营中，会见了秦军大将魏章，表示愿意献出两座城池，请求罢兵言和。秦惠王听到楚国愿意献城求和的消息，更加趾高气扬。他说：我要的是楚国的汉中之地。只有答应这个条件，才能罢兵。尽管楚怀王心中很不愿意，但在大军压境的形势下，迫不得已只能答应把汉中之地割让给秦国。

这时，张仪又给秦王献计：只割让楚国汉中之地的一半，并且主动与楚国联姻。恩威并用，终于使本来强大的楚国“心甘情愿”地屈服于秦国。

在计屈楚国之后，秦王封张仪为武信君，赐给他黄金白璧，高车驷马，派他运用连横之术，游说其他的诸侯国（体现出秦王对张仪的重视和信任）。

张仪先到齐国见得了齐湣王，对齐湣王说：“大王，您自己觉得齐国的土地有没有秦国的广？齐国的军队有没有秦国强？有人认为，齐国距离秦国很遥远，秦国鞭长莫及，齐国可以高枕无忧。其实这是只看眼前、不顾长远的观点。现在，秦国已和楚国联姻，势力越来越强大，韩、赵、魏三国都十分畏惧，争着献地讨好秦国。唯独你齐国与秦国结仇，这对你有什么好处呢？假如有一天，秦国要韩国、魏国进攻齐国的南部边境，要赵国横渡黄河乘虚进攻临淄、即墨，到那时候，您就是想侍奉秦国，恐怕也已经来不及了！依我看，当今之势，事秦者可得安泰，背秦者将有危难……”

张仪的一席形势分析，说得齐滑王不寒而栗，连忙答应侍奉秦国。

接着，张仪往西来到赵国，对赵王说：“我们秦王愿意带领甲兵，与你会战于邯郸城下，特地要我来通报您！我知道，您依仗的是苏秦的合纵之计。可是，苏秦先背叛燕国，后又从齐国逃走，最后连自身都不能保，却还有人相信他。这实在是天大的笑话！现在，秦、楚联姻，齐国奉献鱼塘之地给秦国，韩、魏也自称是秦国的东藩之臣，五国已经连为一体。您想用赵国一国的兵力与五国抗衡，恐怕要灾祸临头了！从赵国的利益出发，依我看，还是主动侍奉秦国为好。”

张仪的恐吓使赵王心惊胆寒，也答应与秦国结好，侍奉秦国了（体现出张仪口才绝妙之处）。

离开了赵国，张仪向北来到燕国。张仪对燕昭王说道：“大王，您最亲近的莫过于赵国。赵襄王把自己的姐姐嫁给代王，却仍然要吞并代国，后来不仅设计刺杀了代王，而且赵襄王的姐姐也被迫自杀身亡，赵国终于占领了代国。连自己的亲姐姐也成了谋取利益的牺牲品，这样背信弃义的小人，还会在乎别人吗？现在，赵王已经向秦国献地请罪，不久将去渑池朝见秦王。有朝一日，秦王驱使赵国进攻燕国，那易水、长城恐怕都不会再归燕国所有了。”

张仪的话，让燕昭王感到十分恐惧，自愿献出恒山以东五座城池与秦国讲和（反衬张仪善于游说，善于抓住对方的心理，善于观察）。

就这样，张仪凭着三寸不烂之舌，抓住不同对象的不同心理，采用不同的策略，不费一兵一卒，不动一刀一枪，先后屈服了燕、赵、齐、楚四国，连同早先制服的魏国，张仪使当时的诸侯国都归顺了秦国，确立了秦国在各诸侯国中的领导地位。

张仪死后，苏秦的合纵术曾一度又被人们采用，以至于秦国最后还是以武力统一了天下，那是后话。

礼仪威严，不可轻辱

申屠嘉，汉代梁（今河南省临汝县）人。历任都尉、淮阳太守，文帝时晋升御史大夫，封故安侯。为人廉直，不受私谒。景帝时，晁错用事，穿宗庙墙垣，将奏诛之。晁错恐惧，先向帝请，及嘉奏，景帝说："我让他这样做的，晁错没有罪责。"申屠嘉深以为恨，回家后吐血而死。

申屠嘉初任丞相时，大中大夫邓通受皇帝宠信，赏赐丰厚。文帝经常在邓通家饮酒欢宴。一次申屠嘉上朝奏事，而邓通坐在皇上旁边，举止轻慢无礼。申丞相报告完重要事务后，接着说："陛下宠信大臣，可以让他富贵。但是必须遵守朝廷的礼仪法纪，因此不能不予以整肃。"皇帝说："你不要说了。我亲自处理。"申屠嘉回到丞相府，签发文书，命令邓通来见，如果拒绝不来，就地正法。邓通心里害怕，先去见文帝。文帝说："不要害怕，你去见丞相，然后我派人接你。"邓通到丞相府，摘下帽子，光着脚，叩头谢罪。申屠嘉泰然自若地坐着，故意不予理睬。然后大声斥责说："朝廷是高祖皇帝奠立的，是有礼仪法度的。你只是一名小小的侍臣，胆敢在大殿之上轻慢无礼，这是大不敬之罪，按律当处死。"命令卫士推出斩首（表现出申屠嘉十分的重视威严和礼仪法度）。邓通吓得魂不附体，磕头求告，流血满面，申屠嘉仍然不放过。文帝估计丞相已经教训到一定程度了，就派人带着手书去召邓通。并向丞相致谢说："他是平时陪我娱乐游戏的侍臣，请丞相放过他吧！"邓通见到文帝后，放声大哭说："丞相几乎杀掉我。"

孝感天地

王荐，字希贤。元代福建福宁（今福建省霞浦县）人，性孝而好义。王荐的父亲曾经病得很严重，王荐在夜间向天祷告，愿减少自己的寿命以增加父亲的寿限。父亲咽气后却又苏醒过来，告诉围在身边的亲戚邻友说：“刚才有个神仙，穿着黄衣服戴着红头帕，恍恍惚惚中他告诉我说‘你的儿子很孝顺，上天命令再赐给你12年寿命’。”他醒来后病就好了，果然又活了12年（体现出王荐孝顺父亲的精神）。王荐的母亲沈氏得了一种口渴病，她告诉王荐说：“我口渴想吃瓜，哪里能找到啊？”当时，正是寒冬，王荐求告乡邻，谁家都没有。买不到瓜，王荐心里很痛苦。他便到深山荒岭中去找野生的瓜果，当他走到奥岭上时，天空大雪纷飞，道路被雪覆盖，无法前行。他依着大树躲避风雪，想起母亲所遭受的痛苦，不禁心中忧悲，于是面对青天痛哭呼告。忽然他看见山岩上，一株绿色的瓜秧缓缓垂挂下来，藤蔓上长着两只鲜瓜。他急忙摘下这两只瓜，回家敬奉给母亲。他母亲吃了这两只瓜之后，口渴病当即好了。

上天佑孝子

阮孝绪，字士宗，河南尉氏人。天性沉静，以孝行著称。

阮孝绪在钟山讲论经学，母亲忽患疾病，家中兄弟商量后准备派人去告诉他，让他回家看望母亲。母亲说：“不用去，孝绪至性通灵，心里自然会有感应，他一定会很快回来的。”

这天孝绪突然感到心神不宁，立即启程赶回家，乡亲邻居都十分感叹惊异。

大夫所开药方中，主药是野生人参，像这样贵重的药材，当地的药铺中没有存货。而人们都说，从前这种药生长在钟山。于是，阮孝绪就又亲自进入钟山之中无人涉足的险要处寻找。几天之中他踏遍了高峰深谷，都没有找到。他的心里忧急悲伤，更加急切地搜寻（救母心切，体现出阮孝绪迫切想要救母的心情）。这时忽然看见一只小鹿在前面奔跑，又回过头看着他，阮孝绪心有所感，就跟随在小鹿后面，来到一个险峻的地方后，小鹿忽然不见了。孝绪抬头环望，突然发现

人参就在前面的山崖间。得到人参,合药服用,母亲的病很快痊愈了。人们感叹说:“这是孝绪的孝心感动了天地啊!”。

阅读鉴赏

本章说明了孝悌不但可以感人,而且可以感通神明的道理。中国古人信奉天人合一,也就是以天为父以地为母,而天子孝顺父母,祭祀天地,那么神明如果感觉到了天子的诚意,一定会降幅保佑的,天下人也都会心悦诚服。

知识拓展

孝　悌

孝悌当中的孝指的就是子女回报父母的爱;悌指的就是兄弟姐妹之间的友爱。孔子十分重视孝悌,认为孝悌是做人和做学问的根本。孝悌并非是教条,而是培养人性光辉的爱,是中国文化的精神。孝悌所说的“父慈子孝,兄友弟恭”这些都是相对的,而并非只是单方面的顺从和尊敬。

事君章第十七

子曰："君子之事上也，进[①]思尽忠，退[②]思补过，将顺其美[③]，匡救其恶，故上下能相亲也[④]。《诗》云：'心乎爱矣，遐不谓矣。中心藏之，何日忘之[⑤]？'"

【注释】

①进：上朝见君。孔传："进见于君，则必竭其忠贞之节，以图国事，直道正辞，有犯无隐。"

②退：下朝回家。

③将顺其美：这里是说，君王的政令、政教是正确的、美好的，那么就顺从地去执行。将，执行，实行。

④上下能相亲也：概括而言，臣能效忠于君，君能以礼待臣，君臣同心同德，就能相亲相爱。孔传："道（导）主以先王之行，拯主于无过之地，君臣并受其福，上下交和，所谓相亲。"

⑤"心乎"四句：语出《诗经·小雅·隰桑》。原诗相传是一首人民怀念有德行的君子的作品。这几句诗说，尽管心中热爱他，却因为相隔得太远，无法告诉他，只好把热爱之情藏在心中，不论何日何时都不会忘记。遐，远。

【译文】

孔子说："君子奉事君王，在朝廷之中，尽忠竭力，谋划国事；回到家里，考虑补救君王的过失。君王的政令是正确的，就遵照执行，坚决服从；君王的行为有了过错，就设法制止，加以纠正。君臣之间同心同德，所以，上上下下能够相亲相爱。《诗经》里说：‘心中洋溢着热爱之情，相距太远不能倾诉。心间珍藏，心底深藏，无论何时，永远不忘！’”

【评析】

这一章是讲孝子在朝廷奉事君主时应有的表现。《孝经》论孝，核心却是以孝劝忠，以孝治天下，本章置于《丧亲章》前为压卷之章。《三国志》记载，孙权让严畯背小时候念过的书，严畯背起《孝经》“仲尼居”来，张昭骂他是“鄙生”，说道：“臣请为陛下诵之。”他诵的是“君子之事上”。结果，在场的大臣们“咸以昭为知所诵”。可见《孝经》的事上忠君思想深入人心，有学者批判《孝经》乃是“变相《忠经》”，是很有道理的。

国学故事

恪守宪法

唐代元和年间，恪守宪法的第一人就是御史中丞薛存诚。宪宗常言：“持宪无以易存诚”。当御史中丞缺人时，宪宗首先提到的人选就是薛存诚，并指名由他补任。

薛存诚，字资明，河东（今山西济县蒲州镇）人。进士及第后，即踏入宦海，到了元和元年（806）已经升到御史中丞。薛存诚秉性平和，处事待物总是十分宽容（虽官居高位但心态谦和不骄不躁）。他平时“于人无所不容”，但当事情涉及原则时，却毫不妥协退让，与平时判若两人。

久留长安、郁郁不得志的司空、平章事于顺为求出任节度使，指使自己的儿子通过中介人贿赂“颇招权利”的枢密使梁守谦。元和八年（813），事情败露后，朝廷指派御史中丞薛存诚、刑部侍郎王播、大理寺卿武少仪组成三司使追查。审查中他们发现此案牵连了一个法号鉴虚的僧人，此人自贞元以来即通过财帛交给权幸，接受方镇赂遗，招权弄事，厚自奉养，赃秽恶名远播内外。但由于他倚靠势焰熏天的宦官，背景大，根子深，所以虽然为非所歹，官吏不敢将他绳之以法。此时因涉嫌于顺、杜黄裳行贿事下狱。薛存诚借机彻底追查鉴虚行贿受贿的罪证。最后查得他受赃贿数目竟高达数十万，依律必须处以死刑。闻听此讯的权贵要都争先恐后地轮番到宪宗面前为他求情保驾。宪宗碍不过众人情面，下诏命薛存诚释放鉴虚，但薛存诚却抗诏命，表示绝对不释放鉴虚（体现出薛存诚处理事情遵循原则的态度）。宪宗先是嘉赏他敢于执正不回，二驳诏敕，方奖擢他出任中丞，所以他是深知存诚秉性的。

宪宗知道，虽然自己是至高无上的皇帝，明目张胆地让薛存诚屈法放人，也是办不到的；于是第二天，又令中使到御史台，宣读圣旨："朕要此僧面诘之，非赦之也"。打着皇帝要亲自审讯的旗号，想以此骗存诚放人。但薛存诚早已窥悉此一套把戏的真实意蕴，当即草拟了一篇奏章让宣读圣旨的中使带给宪宗。他开宗明义地说："鉴虚罪款已具。"实际是向宪宗点明既然案犯已经招供，证据确凿，根本无须烦劳皇上亲讯、颇有点戳破托词的味道。但作为臣子不能公然折辱圣上，因此在奏章中他又退了一步，指出即便此举有必要，他可以将人送到内廷，但希望圣上"非赦之"的保证不要成为空话。在附奏中薛存诚义无反顾地写道："陛下若召而赦之，请先杀臣，然后可取。不然臣期不奉诏"。宪宗亦是一代明君，臣子宁可冒犯圣上也要坚持守法的坚决态度令他怦然心动，一点也不为自已的托词被戳穿而恼怒，反而对薛存诚的守法大加赞赏。当年三月，鉴虚被杖决处死，所有财产均被没收（表明宪宗十分明义）。"

一位平日恂恂的谦谦君子竟有如此胆识气魄，真是令人击节叹赏。

各司其职

丙吉，字少卿，西汉鲁国（今山东省曲阜市）人。为人忠厚，不伐善。治律令，任廷尉右监，赐爵关内侯，迁御史大夫，封博阳侯。任职期间，关心百姓疾苦，崇尚宽大，谦让好礼，世称贤臣。

对于官属掾史，务求掩盖他们的过错，传扬他们的好处。丙吉的车夫嗜酒。曾跟丙吉外出视察，醉酒呕吐在车上。随从的官员请示丙吉，建议辞退这个车夫。丙吉说："因为酒醉的小失误而赶走可用之士，这让他以后如何立身处世呢？就宽容他这次吧，只不过是玷污了丞相车上的垫褥罢了（体现出丙吉的宽宏大量）。"这个车夫的原籍是边境之郡人，熟知边塞突发紧急事务时的呈报方式。这个车夫有次外出，恰巧遇见边郡递送紧急公文急驰来到。于是他就紧跟着来到公车探听消息，得知敌人侵入云中、代郡。他急速赶回相府，向丙吉报告了这一紧急情况。一会儿后，皇上召见丞相、御史，询问边境敌人入侵情况及应对之策，丙吉从容答对。御史大夫因仓促间不明情况，而受到皇帝的责备；而丙吉被皇上嘉勉说"忧边思职"，这是得力于车夫的机敏啊。丙吉于是感叹说："士无不可容，能各有所长。假使丞相事先没有听到车夫说知这件事，那里还能受到什么褒奖呢？"

丙吉在视察的路上，遇到群殴事件，多人死伤，横尸路边，丙吉经过这里时，不闻不问。前行不远，看见有人在赶着耕牛急走，牛已气喘急促，吐出舌头。丙吉命令停驻车子，让随行人员去问："耕牛奔跑几里路了（表现出丙吉关心百姓疾苦）？"掾史觉得丞相处事失当，也有人因此而出语讥讽。丙吉说："群聚斗殴，致相死伤，这是长安令、京兆尹的职责，应当由他们负责禁止、防备、追捕和审理，到年终奏请实行赏罚就行了。宰相的职责并不在于亲自过问处理打架斗殴这类小事。而现在正值春天，天气还不是很热，我害怕如果牛行走不远就如此喘息，那么，这就意味着气候失调，不合节令，担心将会影响到百姓的生产和生活，因此我必须查问清楚这件事，这才是我视察的真正目的。”掾史听后感到心悦诚服。

宽国利民

宋庆历六年（1046年）夏，包拯调任为三司户部判官。当时的三司是中央财政机构，户部掌管全国户口、两税等，户部判官协助三司使的工作。不久，包拯先后担任京东、陕西、河北转运使，转运使负责一路（相当于省）的财政、监察等行政事务。在地方，包拯十分重视体察民情，要求朝廷让百姓休养生息而安居乐业。两年之后，包拯被召回开封，提升为户部副使。在此期间，他曾前往河北解决军粮问题，又曾到陕西解决运城（今属山西）盐业问题（表现出包拯全心全意为国为民的精神）。在河北，他奏请将用作养马的田地，还给地方和农民。在运城，他改革盐税法令，以便利于商贩经营盐业。

为了利国利民，包拯积极推进改革，在经济方面，包拯一方面主张压缩开支，另一方面又主张不能苛剥平民。当时有一种政策，由政府向城镇百姓强行购买国家需要的物资，价格比市场价格低。这就成了剥削民众的一种手段。包拯坚决反对这种害民政策。他列举陕西强购军用物资的危害，因而要求废除这种办法。包拯建议，国家急需物资应该“置场收买”，以公平的价格，自由收购。这一建议，无论对减轻百姓负担，还是对商品流通和商品生产，都是有利的。前面提到的运城盐业问题，也是由于包拯极力支持改革，使盐的生产与销售，由原来官方垄断，改革为允许商人买卖。这一改革，不仅解除了百姓为政府搬运官盐之苦，而且同样有利于食盐的流通。沈括称赞这种“通商法”，“行之几十年，至今以为利。”此外，包拯还曾主张方田均税，即丈量地主豪强的土地，防止他们漏税逃役。他还曾鼓励民间采矿炼铁等等。可见，包拯的经济思想和经济改革，目的在于“宽国利民（体现出包拯宽国利民的精神）。”

阅读鉴赏

为人子女，始于事亲，这是孝的一小部分。忠于事君的意思，就是在于能为国家办事，为全民服务，这是孝的大部分。通过历史人物故事来体现出孝治天下的道理。让我们更进一步明白孝是道德的基础，而道德教育则以孝为起点。

知识拓展

君　主

君主作为一个术语，经常和君主制、封建制度之间产生联系。在封建时期，大多都实行君位的世袭制度，在任期上实行王位的终身制。人类社会的发展史上出现的分封制，就是由共主来分封土地，封赐爵位，而共主和被赐封的人都被称作君主。

丧亲章第十八

子曰：孝子之丧亲也，哭不偯①，礼无容②，言不文③，服美不安④，闻乐不乐⑤，食旨不甘⑥，此哀戚⑦之情也。三日而食，教民无以死伤生⑧。毁不灭性⑨，此圣人之政也。丧不过三年⑩，示民有终也⑪。为之棺、椁、衣、衾⑫而举之；陈其簠、簋⑬而哀戚之；擗踊⑭哭泣，哀以送⑮之；卜其宅兆⑯，而安措⑰之；为之宗庙，以鬼享之⑱；春秋祭祀，以时思之。生事爱敬，死事哀戚，生民之本尽矣⑲，死生之义⑳备矣，孝子之事亲终矣。

【注释】

①哭不偯（yǐ）：是指哭的时候，哭声随气息用尽而自然停止，不能有拖腔拖调，使得尾声曲折、绵长。

②礼无容：这是说丧亲时，孝子的行为举止不讲究仪容姿态。

③言不文：这是说丧亲时，孝子说话不应辞藻华美，文饰其辞。

④服美不安：孝子丧亲，穿着华美的衣裳会于心不安，因此，丧礼规定孝子要穿缞麻。服美，穿着漂亮、艳丽的衣裳。

⑤闻乐不乐：由于心中悲哀，孝子听到音乐也并不感到快乐。所以，丧礼规定，孝子在服丧期内不得演奏或欣赏音乐。前一“乐”字指音乐，后一“乐”字指快乐。

⑥食旨不甘：这是说即使有美味的食物，孝子因为哀痛也不会觉得好吃。

⑦哀戚：忧愁，悲哀。

⑧“三日”二句：《礼记·间传》：“斩衰三日不食。”丧礼规定，孝子三天之内不进食，三天之后即进粥食；如果悲哀过度，因为长久不吃饭而伤害了身体，也与孝道不合。

⑨毁不灭性：虽因哀痛而消瘦，但是不能瘦到露出骨头。

⑩丧不过三年：孝子为父母之死服丧三年。

⑪示民有终也：唐玄宗注：“圣人以三年为制者，使人知有终竟之限也。”终，指礼制上的终结。对于父母之丧，孝子虽有终身之忧，但丧礼是有终结的。

⑫棺、椁（guǒ）：古代棺木有两套，里面的一套叫棺，外面的一套叫椁。衣：指敛尸之衣。衾：指给死者铺、盖的被褥。死者的地位身份高低尊卑不同，衣、衾的多寡也不同，棺、椁的厚薄、数量也不同。

⑬陈其簠（fǔ）、簋（guǐ）而哀戚之，丧礼规定，从父母去世，到出殡入葬，死者的身旁都要供奉食物，用簠、簋、鼎、笾、豆等器具盛放，此处只举“簠、簋”为代表。簠簋，古代盛放食物的两种器皿。

⑭擗（pǐ）踊哭泣：擗，捶胸。踊，顿足，或作“踊”。孔传：“搥心日擗，跳曰踊，所以泄哀也。男踊女擗，哀以送之。”

⑮送：指出殡、送葬。《礼记·问丧》：“送形而往，迎精而反也。”把遗体送往墓地，把精魂迎回宗庙。

⑯卜其宅兆：《仪礼·士丧礼》记载有“筮宅”的礼仪，命辞说：“哀子某，为其父某甫筮宅，度兹幽宅，兆基无有后艰。”然后由筮者算出卦来，观看吉凶。占卦的目的主要是为了防止日后墓地发生变故，干扰死者。卜，占卜，指用占卜的办法选择墓地。宅，墓穴。兆，坟园，陵园。

⑰安措：安置，指将棺椁安放到墓穴中去。措，或作“厝”，二字可通。

⑱“为之”二句：《礼记·问丧》记载，父母安葬后，“祭之宗庙，以鬼飨（通“享”）之，侥幸复反也”。这是将死者的魂神

迎回宗庙的祭祀，称之为“虞祭”。

⑲生民之本尽矣：这是说，能够做好上述事情，人民就算是尽到了根本的责任，尽到了孝道。孔传：“谓立身之道，尽于孝经之谊也。”生民，人民。本，根本，指孝道。

⑳死生之义：指父母生前奉养父母，父母死后安葬、祭祀父母的义务。孔传：“事死事生之谊备于是也。”

【译文】

孔子说：孝子的父母亡故了，哀痛而哭，哭得像是要断了气，不要让哭声拖腔拖调，绵延曲折；行动举止，不再讲究仪态容貌，彬彬有礼；言辞谈吐，不再考虑辞藻文采；要是穿着漂亮艳丽的衣裳，会感到心中不安，因此要穿上粗麻布制作的丧服；要是听到音乐，也不会感到愉悦快乐，因此不参加任何娱乐活动；即使有美味的食物，也不会觉得可口惬意，因此不吃任何佳肴珍馐；这都是表达了对父母的悲痛哀伤的感情啊！丧礼规定，父母死后三天，孝子应当开始吃饭，这是教导人们不要因为哀悼死者而伤害了生者的健康。尽管哀伤会使孝子消瘦羸弱，但是绝不能危及孝子的性命，这就是圣人的政教。为父母服丧，不超过三年，这是为了使人民知道丧事是有终结的。父母去世之后，准备好棺、椁、衣裳、被褥，将遗体装敛好；陈设好簠、簋等器具，盛放上贡献的食物，寄托哀愁与忧思；捶胸顿足，号啕大哭，悲痛万分地出殡送葬；占卜选择好墓穴和陵园，妥善地加以安葬；设立宗庙，让亡灵有所归依，供奉食物，让亡灵享用；春、夏、秋、冬，按照时令举行祭祀，表达哀思，追念父母。父母活着的时候，以爱敬之心奉养父母；父母去世之后，以哀痛之情料理后事，能够做到这些，人民就算尽到了孝道，完成了父母生前与死后应尽的义务，孝子奉事父母，到这里就算是结束了。

【评析】

丧亲，指父母亡殁。这一章讲父母去世，孝子办理丧事和祭祀时应有的表现。此章内容只是孝子料理丧事的一些原则和纲要，具体的礼节可参看《仪礼》和《礼记》的相关内容。

国学故事

汉文帝爱民

汉文帝的生活十分节俭，他当皇帝 23 年，宫室、园林、大马、服饰和御用器具都没有什么增加。有一次，他曾打算建造一个露台（凉台），经工匠一算。要花费黄金 100 两，相当于当时 19 户中等百姓的家产。文帝自觉过于奢侈，于是决定不建。文帝自己经常穿的是粗糙的丝绸衣服，就连他宠爱的慎夫人，衣服长度也不能拖到地面。他用的帏帐也没有绣花。文帝以忠厚淳朴为天下做出了榜样（表明汉文帝生活朴素）。

文帝反对厚葬，要求薄葬，认为厚葬劳民伤财。他在为自己建造陵墓霸陵时都用瓦器，不准用金、银、铜、锡等贵重的金属作装饰，不准修造高大的坟墓，而是顺着山陵形势，挖掘洞穴，以不烦扰民生（体现出他处处为民的精神）。他在遗诏中说："夫下万物，既然有生，必然有死。死是天地间自然的道理，万物自然的归宿，有什么悲哀？当今之世，人们都庆幸活命，厌恶死亡，实行奢侈的葬礼，造成一种严重的浪费。为了陪葬丰富，弄得倾家荡产，因为守丧的时间太长，以致全家的生活都受到影响。我不赞成这样做。我既缺乏品德，对人民又没有什么帮助，而今去也，若叫人民如此待我，怎么对得起天下？""我不令天下官民，遗诏颁布之后，哭临祭礼，以三天为限。三天之后，解除丧服……凡是哭临祭礼的，不必赤脚。头系的麻巾，脚扎的麻绳，长度都不要超过三寸。出殡时，不要出动篷车和军队，不要发动人民到宫殿哭泣……”“霸陵山川，仍保持原状，不要更改。我的姬妾，夫人以下直到少使，都送她们出官回家。”

像汉文帝这样崇尚节俭，遗诏自己死后薄葬，以免劳民伤财的封建帝王，在历史上是罕见的。

以心成就祖上未竟之业

裴子野（469—530），字几原。河东闻喜（山西闻喜县）人。南朝梁史学家、文学家。与兄黎，弟楷、绰，并有盛名，世称“四裴”。少好学，善属文，梁武帝时为著作郎，掌国史及起居注，又兼中书通事舍人。朝廷诏令符檄皆由子野起草发出。官至中书侍郎，鸿胪卿。有《宋略》《丧服集注》《众僧传》等书传世。

子野生性固执孤僻，出生后由祖母抚养。子野九岁那年，祖母亡故，泣血哀恸，家人十分惊异他对祖母的感情。长大后，任右军江夏王参军，因父亲去世辞职。依礼守孝居丧三年，每至父亲的墓地，思念哭泣，泪洒处绿草即枯，并有白兔围绕在旁边（表明裴子野孝心之诚）。

裴子野的曾祖父裴松之当初为宋太中大夫，宋元嘉年间诏命续修何承天编纂的《宋史》，没有完成就弃世而去，以为憾事。因而子野经常想着继续完成曾祖父的事业。齐朝永明末年，沈约撰写的《宋书》问世。子野于是据以修订删改，编成《宋略》二十卷。叙述刘宋兴亡历史，简捷得当，明畅易晓。文风质朴，笔力遒劲，有秦汉遗风。自述“人皆成于手，我独成于心”，以自己的努力成就了祖上未竟的事业。

阅读鉴赏

本章所说的是父母在世的时候，一定要尽到自己的爱敬之心，父母能够亲眼看见，可以直接享受。而父母去世之后，孝子则无法再见到双亲，也不能再尽敬爱之情了，孝子的那种心情是非常哀痛的。因此一定要事以哀戚之礼。这样人生的根本大事也算是尽到了养生送死的礼仪，也算是完成了孝子事亲之道。

知识拓展

祭　祀

所谓的祭祀就是向神仙祈福，祈求神仙保佑降福消灾的一种传统礼俗仪式，又被称为是吉礼。“祭祀”也有敬神、求神和祭拜祖先的意思。在最原始的时候，人们以为人的灵魂能够离开躯体而单独的存在。于是在最初的时候就已经有了祭祀活动，但是最初的祭祀活动比较简单也非常的野蛮，直到进入到文明社会之后，伴随着物质文明的提高，祭祀活动的礼节也越来越复杂和讲究，并且还有了一定的规范。

附 录

读后感

读《孝经》，品孝文化

佚 名

据说，比尔·盖茨在接受记者的采访时曾说过，最不能等待的事情是孝顺。这句话出自于一个美国首富的口中，这不能不让我们感慨和深思。

“孝”为何也？从字面上来理解“孝”字是“老”与“子”的结合。“孝”字的上半部为“老”字的半边，下半部为“子”字，两者结合即为“孝”。从字形上看，又恰好解释了两者之间的相互关系：由上而下看为老子抱儿子，由下而上看乃儿子背老子。由是观之，我们不得不惊叹先贤的聪慧与睿智。

在中华文化博大精深的智慧宝库中，《孝经》是中国古代儒家的经典。这部伦理学著作在中国思想史上有着不容忽视的地位，特别是在西汉“以孝治天下”之后。在唐朝，它被尊为经书，南宋以后被列为《十三经》之一。在长达两千多年的封建社会中，它对维护封建社会的纲常宗法等级和道德秩序起到了至关重要的作用。

“孝”是儒家伦理思想的原点。《孝经》集中阐释了儒家的伦理思想，对“孝”的要求和方法做了系统而烦琐的规定。如对父母的生老病死的过程，提出了“孝”的标准：“居则致其敬，养则致其乐，病则致其忧，丧则致其哀，祭则致其严”（《孝经·纪孝行章第十》）。《孝经》把“孝”推崇到极高的地位，认为：夫孝，天之经也，地之义也，民之行也（《孝经·三才章第七》）。因此，“人之行，莫大于孝”（《孝经·圣治章第九》）。“孝”成为人的道德之本（“夫孝，德之本也”《孝经·开宗明义章第一》）。在《孝经》中的伦理思想中甚至把“忠”与“孝”联系起来，认为“忠”是“孝”的发展与扩大，把“孝”的社会作用神秘化和绝对化。尽管如此，《孝经》所推崇的孝顺不失为中华文明的瑰宝，也是中华民族的传统美德之基石。

孝文化是中国传统文化的重要组成部分。古往今来，孝顺尊老的传统被世代沿袭，并积累了许多的典型。随着时代的进步，传统孝文化的糟粕自然要被抛弃，但其中的积极部分和精髓则应被继承下来。无论是平民百姓还是伟人领袖，那些孝敬尊老的故事是永远让人感动的。

考点直击

一、填空题

1. 在上不（　　），高而不（　　），制节（　　），满而不（　　）。高而不（　　），所以长守（　　）也；满而不（　　）；所以长守（　　）也。富贵不离其身，然后能保其（　　），而和其民人。
2. （　　），受之父母，不敢（　　），孝之（　　）也。
3. 爱亲者，不敢（　　）；敬亲者，不敢（　　）。
4. 子曰：“先王有（　　），以顺天下，民用（　　），上下无怨。汝知之乎？”
5. 夫孝，（　　）也，教之（　　）。
6. 《　　》云：“战战兢兢，（　　），（　　）。”
7. 天地之性，（　　）。人之行，（　　）。孝莫大于（　　），（　　）莫大于（　　），则周公其人也。

二、判断题

1. 故不爱其亲而爱他人者，谓之悖德。（　　）
2. 爱亲者，不敢慢于人。（　　）
3. 先王有至德要道，以顺天下，民用和睦，上下无怨。（　　）
4. 居则致其乐，养则致其敬。（　　）
5. 移风易俗，莫善于悌。（　　）
6. 圣人因亲以教敬，因亲以教爱。（　　）

三、请从《孝经》中任选一章默写下来。

____

____

____

____

参考答案

一、填空题

1. 骄 危 谨度 溢 危 贵 溢 富 社稷
2. 身体发肤 毁伤 始
3. 恶于人 慢于人
4. 至德要道 和睦
5. 德之本 所由生
6. 诗 如临深渊 如履薄冰
7. 人为贵 莫大于孝 严父 严父 配天

二、判断题

1. √　2. √　3. √　4. √　5. ×　6. ×

三、默写

非先王之法服不敢服，非先王之法言不敢道，非先王之德行不敢行。是故非法不言，非道不行；口无择言，身无择行；言满天下无口过，行满天下无怨恶：三者备矣，然后能守其宗庙。盖卿大夫之孝也。《诗》云："夙夜匪懈，以事一人。"（选自《卿大夫章第四》）

中国小学生基础阅读书目表

学段	类别	书名	作者（译者）
小学低段（1—2年级，10本）	文学	蝴蝶·豌豆花	金波/编，蔡皋等/画
		稻草人	叶圣陶/著
		没头脑和不高兴	任溶溶/著
		小猪唏哩呼噜	孙幼军/著，裘兆明/图
		猜猜我有多爱你	（爱尔兰）麦克布雷尼/著，（英国）婕朗/绘，梅子涵/译
		不一样的卡梅拉（我想去看海）	（法国）约里波瓦/著，（法国）艾利施/绘，郑迪蔚/译
	科学	第一次发现（濒临危机的动物）	法国伽利玛少儿出版社/编，（法国）雨果/绘，王文静/译
		神奇校车（在人体中游览）	（美国）乔安娜·柯尔/著，（美国）布鲁斯·迪根/绘
	人文	千字文·三字经·弟子规	周兴嗣、王应麟、李毓秀/著，罗容海、郝光明、王军丽/译注
		中国神话故事	聂作平/编著
小学中段（3—4年级，10本）	文学	千家诗	谢枋得、王相/编选，李乃龙/译注
		三毛流浪记	张乐平/绘
		宝葫芦的秘密	张天翼/著，丁午/图
		安徒生童话	（丹麦）安徒生/著，叶君健/译
		长袜子皮皮	（瑞典）林格伦/著，李之义/译
		亲爱的汉修先生	（美国）贝芙莉·克莱瑞/著，柯倩华/译
	科学	奇妙的数王国	李毓佩/著
		让孩子着迷的77×2个经典科学游戏	（日本）后藤道夫/著，施雯黛、王蕴洁/译
	人文	林汉达历史故事集	林汉达/著
		书的故事	（前苏联）伊林/著，胡愈之/译
小学高段（5—6年级，10本）	文学	西游记	吴承恩/著
		城南旧事	林海音/著，关维兴/图
		草房子	曹文轩/著
		我的妈妈是精灵	陈丹燕/著
		夏洛的网	（美国）E·B·怀特/著，任溶溶/译

小学高段（5—6年级，10本）	科学	科学家故事100个	叶永烈/著
		昆虫记	（法国）法布尔/著，陈筱卿/译
		地心游记	（法国）凡尔纳/著，杨宪益、闻时清/译
	人文	孔子的故事	李长之/著
		少年音乐和美术故事	丰子恺/著

"中国小学生基础阅读书目"推荐书目表

学段	类别	书名	作者/译者/编者/绘者
小学低段（1—2年级，15本）	文学	百岁童谣	山蔓/编著
		寻找快活林	杨红樱/著，大青工作室/绘
		熊梦蝶 蝶梦熊	郝广才/著，（俄）欧尼可夫/绘
		月光下的肚肚狼	冰波/著
		格林童话选	（德国）格林兄弟/著，魏以新/译
		让路给小鸭子	（美国）麦克洛斯基/著，柯倩华/译
		青蛙和蟾蜍	（美国）阿洛·洛贝尔/著，潘人木、党英台/译
		木偶奇遇记	（意大利）卡洛·科洛迪/著，徐调孚/译
		了不起的狐狸爸爸	（美国）罗尔德·达尔/著，代维/译
		我和小姐姐克拉拉	（德国）迪米特尔·茵可夫/著，陈俊/译
	科学	一粒种子的旅行	（德国）安妮·默勒/著，王乾坤/译
		鼹鼠博士的地震探险	（日本）松冈达英/著，蒲蒲兰/译
		动物王国大探秘	（英国）茱莉亚·布鲁斯/文，兰·杰克逊/图，杨阳、王艳娟/译
	人文	笠翁对韵	李渔/著
		人	（美国）彼得·史比尔/著，李威/译
	文学	武松打虎	刘继卣/绘
		孙悟空在我们村子里	郭风/著
		让太阳长上翅膀	金波/著
		小英雄雨来	管桦/著
		戴小桥全传	梅子涵著

小学中段（3—4年级，25本）	文学	舒克贝塔航空公司	郑渊洁/著
		我是白痴	王淑芬/著
		雪花人	（美国）马丁/文，阿扎里安/图，柯倩华/译
		父与子	（德国）卜劳恩/绘，洪佩琪/编
		丁丁历险记	（比利时）埃尔热/编绘，王炳东/译
		爱丽丝漫游奇境记	（英国）刘易斯·卡诺尔/著，王永年/译
		柳树间的风	（英国）肯尼思·格雷厄姆/著，任溶溶/译
		彼得·潘	（法国）巴里/著，杨静远/译
		时代广场的蟋蟀	（美国）赛尔登/著，傅湘雯/译
		窗边的小豆豆	（日本）黑柳彻子/著，岩崎千弘/绘，赵玉皎/译
	科学	生命的故事	（英国）维吉尼亚·李·伯顿/著，刘宇清/译
		最美的科普·四季时钟系列	（德国）雅各布/著，顾白/译
		有趣的科学	（英国）温斯顿/著，刘建湘/译
		101个神奇的实验	（德国）安提亚·赛安、艾克·冯格/文，夏洛特·瓦格勒/图，谢霜/译
		我的第一本科学漫画书	（韩国）洪在彻等/著，林虹均/译
	人文	成语故事	李新武/编
		图说中国节	大乔/编著
		讲给孩子的中国地理	刘兴诗/著
		希腊神话故事	聂作平/编著
		儿童哲学智慧书（第一辑）	（法国）奥斯卡·柏尼菲等/著，乐迈特等/绘，李玮/译
	文学	绘本聊斋	蒲松龄/著，马兰、王育生等/改编，吴明山、叶毓中等/绘
		寄小读者	冰心/著
		有老鼠牌铅笔吗	张之路/著
		四弟的绿庄园	秦文君/著
		我要做好孩子	黄蓓佳/著

小学高段（5—6年级，30本）	文学	狼王梦	沈石溪/著
		狼獾河	格日勒其木格·黑鹤/著
		铁丝网上的小花	（意大利）克里斯托夫·格莱兹/著，罗伯特·英诺森提/绘，代维/译
		鲁宾孙漂流记	（英国）笛福/著，徐霞村/译
		汤姆·索亚历险记	（美国）马克·吐温/著，刁克利/译
		福尔摩斯探案全集	（英国）柯南·道尔/著，俞步凡/译
		小王子	（法国）圣·艾克絮佩尔/著，周克希/译
		永远讲不完的故事	（德国）米切尔·恩德/著，李世勋/译
		哈利波特与魔法石	（英国）罗琳/著，苏农/译
		不老泉	（美国）纳塔莉·巴比特/著，肖慧/译
		牧羊少年奇幻之旅	（巴西）保罗·柯艾略/著，丁文林/译
	科学	飞向人马座	郑文光/著
		潘家铮院士科幻作品集	潘家铮/著
		安德的游戏	（美国）奥森·斯科特·卡德/著，李毅/译
		森林报	（苏联）维·比安基/著，王汶/译
		万物简史（少儿版）	（英国）布莱森/著，严维明/译
		科学家工作大揭密	（英国）理查德·斯皮尔伯利、路易斯·斯皮尔伯利/著，王庆/译
	人文	我们的母亲叫中国	苏叔阳/著
		老子说 庄子说	蔡志忠/编绘
		世纪三国	罗伯英潘/绘，钟孟舜/漫画，罗吉甫/撰文
		中国孩子的梦	谷应/著
		莎士比亚戏剧故事集	（英国）查尔斯·兰姆，玛丽·兰姆/改写，萧乾/译
		希利尔讲艺术史	（美国）希利尔/著，李爽、朱玲/译
		诺贝尔奖获得者与儿童的对话	（德国）贝蒂娜·施蒂克尔/编，张荣昌/译
		居里夫人的故事	（英国）杜尔利/著，二栗/译

语文新课标必读丛书

第一辑

《西游记》	《红楼梦》	《三国演义》
《水浒传》	《城南旧事》	《论语》
《朝花夕拾·呐喊》	《骆驼祥子》	《繁星·春水》
《海底两万里》	《简·爱》	《假如给我三天光明》
《童年》	《爱的教育》	《钢铁是怎样炼成的》
《格兰特船长的儿女》	《伊索寓言》	《老人与海》
《绿野仙踪》	《格列佛游记》	《汤姆·索亚历险记》
《绿山墙的安妮》	《欧也妮·葛朗台》	《鲁滨孙漂流记》
《昆虫记》	《名人传》	《森林报·春》
《森林报·夏》	《森林报·秋》	《森林报·冬》

第二辑

《唐诗三百首》	《雷锋的故事》	《木偶奇遇记》
《中外神话故事》	《呼兰河传》	《汤姆叔叔的小屋》
《中外名人故事》	《一千零一夜》	《格林童话》
《安徒生童话》	《培根随笔》	《列那狐的故事》
《福尔摩斯探案选集》	《百万英镑》	《孝经》
《中华上下五千年》	《细菌世界历险记》	《居里夫人传》
《宝葫芦的秘密》	《稻草人》	

第三辑

《中外名著导读一本全》	《名人名言精读》	《青铜葵花》
《四大名著知识点一本全》	《飞鸟集》	《艾青诗选》
《中国现代英雄人物故事》	《铁道游击队》	《中学生必背古诗文》
《小学生必背古诗词75首》	《红岩》	《草房子》
《十万个为什么》	《儿童诗歌精选》	《根鸟》
《小兵张嘎》	《爱丽丝漫游奇境记》	《柳林风声》
《爷爷的爷爷哪里来》	《威尼斯商人》	《中外历史故事》
《尼尔斯骑鹅历险记》	《水孩子》	《中外民间故事》
《克雷洛夫寓言》	《小战马》	《红脖子》
《小老鼠皮克历险记》	《匹克威客外传》	《人类的故事》
《神秘岛》	《三字经》	《地心游记》
《千字文》	《荒野的呼唤》	《弟子规》

编者声明

本书由全国资深教育专家和百位优秀一线教师为广大学子精心制作，在编辑的过程中，我们参阅了一些报刊和著作。但由于联系上的困难，加之部分作者的通信地址不详，一时未能与某些作者取得联系。在此谨致歉意，并敬请作者见到本书后，及时与我们联系，我们将按国家相关规定支付稿酬。

"超级阅读"编辑部

联系电话：010-51650888

邮箱：supersiwei@126.com